光矢量
变换色矢量

复频谱色度理论解析

庞多益　庞也驰　著

文化发展出版社
Cultural Development Press

图书在版编目（CIP）数据

光矢量变换色矢量：复频谱色度理论解析 / 庞多益，庞也驰著 . — 北京 ：文化发展出版社有限公司，2019.6
ISBN 978-7-5142-2655-3

Ⅰ．①光… Ⅱ．①庞… ②庞… Ⅲ．①色度学 Ⅳ．①O432.3

中国版本图书馆CIP数据核字(2019)第111391号

光矢量变换色矢量：复频谱色度理论解析

庞多益　庞也驰　著

责任编辑：李　毅

执行编辑：杨　琪　　　　　　责任校对：岳智勇

责任印制：邓辉明　　　　　　责任设计：侯　铮

出版发行：文化发展出版社（北京市翠微路2号 邮编：100036）

网　　址：www.wenhuafazhan.com　www.printhome.com　www.keyin.cn

经　　销：各地新华书店

印　　刷：阳谷毕升印务有限公司

开　　本：787mm×1092mm　1/16

字　　数：148千字

印　　张：10.625

印　　次：2019年10月第1版　2021年2月第3次印刷

定　　价：49.00元

ISBN：978-7-5142-2655-3

序言
PREFACE

　　本书作者经过十多年的潜心研究，查阅大量文献资料，通过物理光学和积分变换的数学工具，找到了把光的时域动态相矢量变换成信号的频域静态色矢量，即在平面坐标上描述颜色的新方法——复频谱色度理论。复频谱是指"以可见光红端频率 384MMHz 为基础，蓝紫端频率 768MMHz 为一个倍频，对应波长为 390～780nm，这个频域里的可见光变换的色矢量均匀地分布在 0～2π（0°～360°）相域内"。

　　本书的二位作者既是印刷科技工作者，也是我单位的同事。他们在长期的工作中发现现有的颜色理论的一些未解之谜，比如颜色的色相与光的波长相对应时，颜色与色相不是均匀分布的，且颜色在紫红色域找不到对应的波长。

　　目前，应用复频谱色度理论，开发出复频谱印刷油墨配色系统以及超大幅面平台式非接触扫描系统等科研产品，发表与复频谱色度理论相关论文 10 多篇，获得多项发明专利的授权。

　　复频谱色度理论所适用的行业范围不仅是印刷领域，它还涉及颜色科学，而颜色科学又是众多行业领域的基础学科。

　　彩色印刷是颜色科学应用于工业化生产的一个有代表性的领域。色光的白平衡、油墨的灰平衡、分色中的彩色分解、印刷中的色彩合成，都是颜色科学在印刷领域中的重要实践。如何把复频谱色度理论很好地应用，使彩色印刷科技水平得到再次提高，是一个值得好好研究的课题。

颜色视觉与生俱来。从古至今，把颜色作为科学研究对象，还不到一百年的历史。本书的出版，希望能为颜色科学的发展，助一臂之力。

中国印刷科学技术研究院名誉院长

中国印刷技术协会常务副理事长

褚庭亮

目录
CONTENTS

第**1**章 绪论

　　回顾历史，人类文明的进步，科学技术的创新，文化艺术的追求，是驱动颜色科学发展的动力源泉。自十七世纪以来，以牛顿（I. Newton，1642—1727）为代表的一代又一代科学家，推动着颜色科学一步一步向前迈进。

　　十七世纪，英国科学家牛顿用三棱镜将日光折射出红、橙、黄、绿、青、蓝、紫七色光，加上紫红色（purple），将其排列成一个颜色环。牛顿指出，光只是一种射线（rays），它本身没有颜色，我们所看到的颜色，是在光的刺激下产生的一种视觉现象。牛顿的上述观点，既说明了光与色的内在联系，又指出了光与色的本质区别。

　　十九世纪初，英国青年科学家杨（Thomas Young，1773—1829），在牛顿实验的基础上，提出了红、绿、蓝三基色说。在此之后，经赫尔姆霍兹（Hermann Von Helmholtz，1821—1894）进一步研判，认为在人的视网膜上有感红、感绿、感蓝三种感光纤维。自然界五彩缤纷的颜色，只需用红、绿、蓝三种色光就可以在视觉中合成出来。大自然的色彩万紫千红，杨-赫的三色说给人们指出了驾驭颜色的方向。

　　同在十九世纪，格拉斯曼（H. Grassmann，1809—1877）提出了颜色变化的三大定律，其中的中间色与互补色定律，隐含了颜色的矢量特性。

二十世纪二三十年代，国际照明委员会（Commission Internationale de l'Eclairage）组织众多科学家在三色说基础上，用 RGB 三个基本色光做了大量光色匹配实验，提出了"1931-CIE-XYZ"色度系统。表明颜色既可以测量，又可以在色度图上标识出来。从此，颜色在最初的假说基础上，向科学技术应用层面又跨了一大步。今天，能够有多种媒体向人们提供丰富多彩的视觉享受，应归功于 CIE 的色度科学。

颜色是由于光的刺激在人的视觉系统中产生的一种视觉现象。光是客观物质，颜色则是人的主观感受。颜色视觉涉及物理光学、神经生理学、心理物理学等多领域学科交叉[1]。自从二十世纪初普朗克（Max Planck，1858—1947）与爱因斯坦（Albert Einstein，1879—1955）建立了光的量子理论以后，科学家对光的本性认识有了一个飞跃的提高，认识到光既是电磁波，又是量子的，光具有波粒二象性。早在十九世纪中期，格拉斯曼就发现了颜色具有矢量性质，但是此后人们并没有将颜色的矢量性质与光的矢量性质联系起来。正如本书名文字"光矢量变换色矢量"，光色之变是在人的视神经系统里完成的，它的机理至今仍有许多不解之谜。

本书作者借用黑箱（Black Box）说，把视神经光色处理系统看作一个黑箱，把电磁波动态的相矢量（phasor）$E = E_0 e^{i\omega t}$ 作为数学原型，假设当光进入人眼睛的瞬时，定格在频域里，映射在复频谱上变成静态频域里的色矢量。它的数学模型是 $Z = re^{i\theta}$。在这个黑箱里，光矢量是输入，色矢量是输出。色矢量仅存在人的感觉（sensation）阶段，人无法知觉（perception）。但它是光色变换过程中的关键因子，颜色的平衡、分解、合成与整合，都是在色矢量层级上整合的结果。由它产生的颜色的所有性能，表现出的是颜色的物理属性。从客观的物理量"光"，到人体感受到的"色"，它应验了"普朗克链条"从物理光学到人类心理学、生理学的先见之明。

尊敬的光学前辈王大珩院士说，颜色光学是生理、物理与心理的综合。光线进入眼睛刺激视网膜视细胞，产生神经脉冲信号，这是生理反应。"大量证据表明，由锥体细胞输出的信号与被吸收的光的能量，不成正比例，而更近似其平方根。"[2] 光能量的平方根正比光的振幅，而光的振幅是相矢量。不妨把视神经脉冲信号看作物理量变换器，把光矢量变成色矢量。把它映射在复频谱上，可见光 $384 \sim 768 \text{MMHz}$ 一个倍频里每一个频率的振幅，均匀地分布在复频谱 $0° \sim 360°$（$0 \sim 2\pi$）相位上。该相位上的数值就是一个色矢量 r。在复频谱上进一步对所有色矢量进行平衡与整合，就可以给出颜色各项物理特征数值。以上是颜色视觉过程中的感觉阶段。

人虽然是最高级的智能动物，然而感觉仅处在颜色矢量的整合阶段，这个阶段人是看不见的。人看见的不仅是色矢量整合的结果，而且是把人的记忆、经验、知识、情感环境等因素综合地融合起来，产生的具有心理特征的知觉。知觉一旦融合了心理因素，就不能完全用物理的方法解析了。

《色度学》把颜色的亮度、主波长与纯度定义为心理物理量，把明度、色调与饱和度定义为心理量。二者的区别在于，物理特性是在感觉阶段色矢量整合的结果，与之后的心理知觉无关。心理量是在光的辐亮度 L_e 的基础上，经光谱灵敏度函数 $V(\lambda)$ 调制产生的光亮度 L_v，不是在光矢量层级上，而是在光能量层级上凭人的知觉实验的结果，显然与人的心理感受有关。物理特性与心理量二者产生的层级不同，感觉在前，知觉在后。在当代颜色科学技术应用领域日益广泛的现实环境下，就像辐亮度 L_e 与光亮度 L_v 不是谁取代谁，它们各有自己的特性，有不同的技术用途。

可见光每一个频率的光量映射在复频谱上，都将光矢量变换成一个色矢量，所以在复频谱上没有所谓的基本色。杨-赫的三色说相当于在复频谱上分别设红、绿、蓝三个基本色，每一个基本色不管其频域的宽窄，只有一个色矢量，三个基本色有三个色矢量，每两个色矢量间隔平均 $120°$，两个基本色之间任意一个颜色，都可以按照正弦定理用这两个色矢量合成出一个中间色来。若三个色矢量之和等于零，没有彩色，即达到白平衡。赫林的四色说相当于在复频谱上设红、黄、绿、蓝四个基本色，有四个色矢量，间隔平均 90°，红与绿间隔 180°，是一对互补色；黄与蓝间隔 180°，也是一对互补色。巧的是这四个色矢量与复频谱坐标上 X、Y 轴一一对应。红色矢量对应 X_+，黄色矢量对应 Y_+，绿色矢量对应 X_-，蓝色矢量对应 Y_-。长期以来，好似相互对立的两个理论，在复频谱色矢量上得到了统一。

光学不仅是一门结构严谨的基础学科，它强大的生命力还能与其他学科相融合，衍变出新的边缘学科，如光化学、光电子学等。既然颜色是由光衍生出来的，映射在复频谱上，从中产生出色相、色彩强度、亮度、饱和度、白度等表征颜色物理属性的特征数值，那么，我们是否可以设想衍生出光色科学呢？

因作者学识有限，书中讹误不当之处在所难免，万望学人不吝指正，感谢之至。

第2章 中国古代有关光、视觉、颜色的论述

视觉是人与生俱来的。每一个具有正常视觉的人，都有颜色视觉。也许对于人来说，大千世界姹紫嫣红的颜色被看成客观存在的，反而忽略了从人自身探索颜色的奥秘。正所谓"不识庐山真面目，只缘身在此山中"。

早在 2400 多年前，正值春秋战国之交，出身社会下层的墨翟（前 470—前 381），自幼好学，亲历劳作，博采众长，创立了墨家学派。《墨经》是他及弟子们共同创作的一部集中国先秦在数学、力学、光学等方面大成之巨著。在《墨经·经说下》中就有如下论述："智。以目见，而目以火见，而火不见。惟以五路智。久，不当以目见，若以火见。"这里的"智"指知识，"目"指眼睛，"火"指光，"见"指视知觉。意思是：知识，用眼睛看物，有光才有视知觉，而光本身不是视觉。唯有五官才能产生感觉。但是，久而久之，人们反倒认为不是眼睛产生的视知觉，而是光在产生视知觉。墨家关于光与视觉精辟的论述，有两点值得肯定：一是强调有了光才有视知觉，二是指出长久以来，人们忽略了人自身的视觉功能，误以为光就是视知觉。不幸的是人们这种习惯的虚幻观念，一直延续了两千多年。

东汉王符（85—162）在《潜夫论》中说："夫目之所见，非能有光也，必因乎日月火炎而后光存焉。"意思是光不是从眼睛中发射出来的，而是从日、月、火焰中产生的。又说："中窅深室，幽黑无见，及设盛烛，则百物彰矣。此则火之耀也，非目之光也。"意思是：地下室深暗无光，看不见物，一旦有烛光照明，什么东西都看见了。此乃烛光之耀，不是目里之光。

爱美之心人皆有之，今天的人们是这样，古人也是这样。经考古发现，早在史前时期，居住在黄河流域的古人喜欢用黑炭、赭石等色料涂绘在躯体、脸上。《礼记·王制》有"东方曰夷，被发文身"，即黥面文身。"文"古汉语指图纹。文身指用色料在身上图绘花纹。这也是先民对色彩美的一种追求吧。人类就是在自然界物竞天择漫长的历史进化过程中，从认识颜色到用它来美化自己，而开始走向文明的。

中国又称中华，在国外，称中国人为华人。可能大多数人并不清楚这个"华"字的本义是什么。汉字属象形文字。今天的汉字源于3000多年前殷商时期的甲骨文。在甲骨文里华字是一棵鲜花盛开的树。到了周时期金文仍保留了它本来的特征。中国最古老的辞书《尔雅·释木》："华荂，草木之花。木为华，草为荣。"意思是说，华，泛指草木之花，专指木本植物开花叫华，草本植物开花叫荣。《淮南子·原道》："草木荣华，鸟兽卵胎。"把草木之花看作一切动物的生命之源。《诗经·召南》："何彼襛矣，华如桃李。"意思是，你看她是多么美貌艳丽啊！就好像是盛开的桃李之花。《资治通鉴·外纪》："皇帝作冕旒，正衣裳，视翚翟之华，染五彩为文章，以表贵贱。"翚翟即五彩山鸡，指山鸡美丽五彩的羽毛。所以"华"也泛指五彩之美。

周代，已是中国奴隶社会高度发展的时代。在奴隶社会里，人被分成三六九等。色彩的美学功能已降到了次要位置，上层统治者给色彩赋予了更多的政治含义。什么样等级身份的人，穿什么质料的衣服，配什么图案，着什么颜色，在王公贵族服饰图案、色彩方面都有着严格的等级规定，不可僭越，更不能乱用。这些规制就成了周代社会的法典——《周礼》的重要内容。"不列采，不入公门。"按规制，在重要礼仪场合，王公一级得穿正色——赤色衣服上朝，可是春秋五霸之一齐桓公向来标新立异，他喜欢穿紫色（间色）衣服，一时间朱紫满庭。这是有违礼制的，以致 100 多年后孔子提起此事来，还愤然不平地说他是"恶紫之夺朱"。

古人崇尚色彩，自然要在实践中探索颜色应用变化的规律。《庄子·天道》曰："故视可见者，形与色也。"《管子·揆度》曰："五色者，青、黄、白、黑、赤也。"《孙子兵法·势篇》曰："色不过五，五色之变不可胜观也。"华夏先哲对自然界物质变化的认识最早反映在"五行""五色"说上。这里的"五色"指物体色，是自然界色彩的最高概括。五色变化的规律是指色料减色法的变化规律。"色不过五"，是说颜色虽不可胜观，但是只有青、赤、黄、白、黑这五种颜色是最基本的颜色。通过这五种基本色之间的调和，就可以产生出不可胜数的颜色来。古人称五个基本色为正色，而由两个正色调和的颜色为间色。黄和青是正色，由黄和青调和的绿色则是间色。赤和青是正色，而由赤和青调和成的紫色则是间色。按照《周礼》"衣正色，裳间色"，周人把上服称衣，必须用正色，下服称裳，只能用间色。而齐桓公竟然穿紫衣上朝，这是用色的僭越行为，为孔子所不容。

在先秦时期，五行、五色、五方相互为表，东方曰木表青色，南方曰火表赤色，西方曰金表白色，北方曰水表黑色，中方曰土表黄色。西周末年史官（史伯）说："先王以土与金、木、水、火杂，以成万物。"还说："和实生物，同则不继。"和实生物是说不同物质相加，能产生新的物质；同则不继是说两种相同的物质相加，不会产生新的物质。这个观点同样适用于颜色变化的规律。把两个不同的颜色相加，就会产生新的颜色；相反，把两个相同的颜色放到一起，不会产生新的颜色。从这里可以看到周人把五行、五色、五方联系在一起，已经不仅仅是停留在对自然界的直观认识水平上，而是升华为人与自然对立统一，即天人和谐的哲学理念，并把它应用到军事、文化、医学、生活各个方面。不可否认，从战国以后直到西汉，原本含有朴素唯物观的五色、五行说，逐渐掺进了迷信唯心观点。不过，我们也不必拿今天的认识水平去苛求古人，只要里面有正确的成分，我们还是要承认的。现今北京市中山公园里的"五色土"是明朝永乐十九年（1421）建立的社稷坛，东方青，南方赤，西方白，北方黑，中方黄，是中国 2000 多年五色文化的最好见证，如图 2-1 所示。在这五个基本色中黑和白是中性色，它们只能调和颜色的亮和暗，只有青、赤、黄才能调配出不同的彩色。黄和青能调配出绿色，青与赤能调配出紫色。这与今天减色混合三基色青、品红、黄已是非常接近了。"色不过五，五色之变不可胜观也"是减色混合规律的高度概括。

图 2-1　北京市中山公园五色土（彩色图参见 159 页）

第3章 近代颜色科学的兴起

十七世纪英国天才科学家牛顿（I. Newton，1642—1727）总结亲历的实验，为近代颜色科学做出了开创性的贡献。

第一，用三棱镜把日光折射出红、橙、黄、绿、青、蓝、紫 7 种色光。证明了白光是由这些色光混合而成的。

第二，他说光本身是没有颜色的。光仅仅是一种能量，在光能的刺激下，视觉系统才产生颜色感觉。

第三，牛顿在 1704 年出版的《光学——论光的反射、折射、弯曲和颜色》（*Opticks—Treatise of the Reflection Refraction Inflection and Colour*）一书中指出，按照颜色红、橙、黄、绿、青、蓝、紫色相连续变化的顺序，在紫与红之间再加上一个紫红色，可以把它们排成一个封闭的圆环，人们称之为 "牛顿颜色环"，如图 3-1 所示，从而表明颜色的色相在圆环上是连续变化的 [3]。

第四，通过实验他发现，可见光中红、橙、蓝、紫 4 种色光之间能量的比值为红是 $\sqrt{2}$，橙是 $\sqrt{3}$，蓝是 $\sqrt{6}$，紫是 $\sqrt{8}$，其中，$\sqrt{2}=1.414$，$\sqrt{3}=1.732$，$\sqrt{6}=\sqrt{2}\times\sqrt{3}$，$\sqrt{8}=\sqrt{2}\times 2$。按照现代光学理论，一个光子的能量与它的频率成正比，即 $\varepsilon=h\nu$。可见光复频域两端蓝紫色光的频率为 768MMHz，正好是红端频率

384MMHz 的两倍。因此，蓝紫端光的能量应该是红端光的能量的两倍。

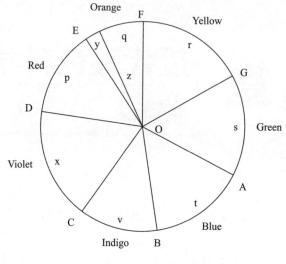

图 3-1　牛顿颜色环

　　十九世纪初，英国年轻科学家杨（Thomas Young，1773—1829）以杨氏光干涉实验力挺光的波动说，反对牛顿的微粒说。他认为牛顿所说的光的 7 种颜色中，只有红、绿和蓝三个颜色是原色，其他颜色都可以用这三种原色中任意两个原色混合而成。他在 1801 年发表的文章《关于眼睛的机理》中提出一个颜色三角原色图，见图 3-2 所示。

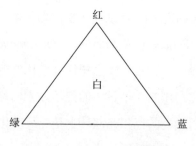

图 3-2　Young 三角颜色图

　　到十九世纪六十年代，德国物理学家兼生理学家赫尔姆霍兹（Hermann Von Helmholtz，1821—1894），他在人的听觉和视觉两方面都做了深入研究，1868

年著《生理光学》，在杨的光的三原色假说基础上，进一步推想，在人的视网膜上分布着三种神经纤维，即感红光纤维、感绿光纤维和感蓝光纤维，如图 3-3 所示。如果只受一种原色光的刺激，只产生该种颜色感觉；如果同时受到两种原色光的刺激，则产生两种原色光混合的感觉。如果红、绿、蓝三种光同时刺激，就会产生白色感觉。把他们二人的观点综合起来，就是今天大家熟知的杨-赫三原色假说。[4]

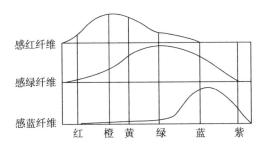

图 3-3　Helmholtz 三色感光纤维

有人说赫尔姆霍兹是位医生，其实他首先是一位出色的物理学家兼生理学家。他借数学傅里叶变换研究人的听觉，人耳可以把多种音频混合的声音，分解出不同频率。他用频谱分析的方法，指出音乐之所以悦耳，因为音乐有谐频，不仅增强了音量，还丰富了音色。他试图用同样频谱分析的方法解释颜色，却发现可见光里没有谐频，他不无遗憾地说，与耳相比，眼睛在这方面没有音乐。鉴于当时的科学水平，人们对光的本性的认识，尚不足以把光与色的内在联系揭示出来。但是，今天不同了，可见光虽然没有谐频，用频谱分析的方法在光学传递函数方面已取得了成功，在通信信号处理方面也取得了成功，进一步来说，在光色变换复频谱颜色处理方面证明也是成功的。

说到颜色科学家，不能不提到格拉斯曼（H. Grassman，1808—1877），他在 1854 年提出颜色变化的三条定律。第一，颜色具有色相、明度、饱和度三个独立的属性。第二，每一种颜色都存在一个与之对应的补色。一对互补色以适当比例混合，便产生中性色。两个非互补色混合，产生它们的中间色相。中间色相的位置倾向二者中分量较多的一边。混合后颜色的饱和度，取决于两个色相距离的远近。距离越远，饱和度越低。第三，两个颜色虽然它们的光谱结构不同，只要在视觉上颜色相同，就可以视作同色。在色彩学上称"同色异谱"。现代的彩色印刷、彩色电视及彩色照相等色彩再现技术，都是不追求色的光谱结构相同，只追求颜色相同，所以说格拉斯曼的颜色三定律今天仍然是颜色科学的理论基础。

格拉斯曼不仅提出了颜色变化的三大定律，他还指出颜色具有矢量性质。其实从他指出的颜色属性中第二条两个非互补色混合产生中间色来看，正好与矢量合成中的正弦定律即杠杆定律相符合。今天复频谱颜色理论的核心是色矢量，包括色光混合和色料混合完全是色矢量合成的结果。遗憾的是，格拉斯曼的这一重要观点被忽略了。

凡是具有正常视觉的人，都能在光照下感知颜色，但是人的这种感知只能是相对的、定性的。二十世纪以来科学技术的进步，使人们感到仅靠人眼对颜色做出定性判断已不能适应现实的需要。科学技术要求对颜色变化的规律给出定量的描述。

二十世纪二十年代莱特（W. D. Wright）、吉尔德（J. Guild）等多位科学家在杨－赫三原色假说基础上，用红（R）、绿（G）、蓝（B）三原色光做了大量视觉色光匹配光谱色实验。国际照明委员会（CIE）在他们实验的基础上，正式采用红光 700nm，绿光 546.1nm 及蓝光 435.8nm 三个准单色光作为基本色光，以调节光亮度的方法匹配目标光谱色，制定了 CIE1931-RGB 系列颜色坐标系统及 1931CIE-XYZ 色度坐标系统，为颜色科学开创了一个新的发展空间。由于彩色电视、彩色摄影（像）及彩色印刷、彩色显示等技术的进步，才使得今天的世界进入一个新的彩色文明时代。无疑，杨－赫的三原色假说功不可没。

实践是对科学最好的检验，在长期大量实践中，人们也发现有些现象和问题还无法给出科学合理的解释。三色理论的基础是说在人的视网膜上分布着感红、感绿和感蓝三种不同的锥体感光细胞。可是"就人类视网膜细胞而言，目前还不可能分开和确定那些光敏细胞上的色素，有关描述锥体细胞光敏感光性的确切曲线形状仍然是个有争论的问题"[5]。本书作者认为，某频率可见光刺激视觉锥细胞产生的信号没有必要变为基本色信号，而是直接变成按相位分布的色矢量信号，再由这些色矢量合成出颜色。

人们希望从理论上讲，红、绿、蓝三个原色光等能量混合应该显示白色，可是在用红、绿、蓝三个单色光人工视觉匹配白光实验中发现，匹配等能白光红、绿、蓝三原色的亮度比例为：1.0000 ： 4.5907 ： 0.0601；它们的辐亮度的比例为：79.0962 ： 1.3791 ： 1.0000，特别是辐亮度，在能量层级上并不是 1 ： 1 ： 1。又如太阳光谱，在不同频率处，能量不一定都相等，但是太阳光视觉呈现白光，这些都还没有给出合理的解释。更为重要的是，现代光学理论认为电磁波的复振幅，光子的动量均呈矢量特性，然而在杨—赫的三原色假说中却没有反映出颜色的矢量特性，因此对于色光相加的白平衡，色料相减的灰平衡，以及颜色合成中的中间色定理（杠杆定理）人们只能从实验中去认识，无法给出矢量解释。

大家最熟悉彩色电视，在彩色画面上经常看到由红基色和蓝基色合成的鲜艳的紫红颜色，可是在 1931CIE-XYZ 色度坐标图上，从中心白点分别到 700nm 红色坐标点和 400nm 蓝色坐标点，形成一个三角形色域，称紫红色域。紫红色在自然界也是客观存在的，可是在这个色度图上它不是光谱色域的颜色，因而它没有主波长。既然色与光在波长域有着一一对应的关系，没有主波长，表明暂时还不清楚紫红色物理光学归属。

如果不考虑电磁波在空间的位置与其初相位 α，电磁波的波函数可以表示为 $E=E_0 e^{i\omega t}$。可是对于人的颜色视觉来说，时间 t 肯定不是变量，而是个常量 T。这样一来，电磁波的波函数中的变量就只有振幅 E_0 和频率 v（$\omega=2\pi v$）了。当 $t=T$，则 $2\pi v T=\theta$，这样波函数 $E=E_0 e^{i\theta}$，完全可以在二维复平面上作矢量解析。可是颜色三个属性：色相、亮度、饱和度却被看作三个完全独立的属性，必须用三维立体空间来表示。按逻辑推理，既然光在视觉上是二维的，色也应该是二维的，那么颜色三属性中至少有一个不是独立的。后面在复频谱颜色解析中就会明白，颜色的色相是处在色矢量的层级上，而色矢量平方后积分对应的是光的相对能量，也就是亮度对应的是能量，色相对应的是色矢量，两个不在一个层级上。那么，颜色的亮度对色相来说在复平面上，它就不是独立的了。

　　光学是一门既古老又年轻的学科。说它古老，是因为从人类古文明开始就有对它的探索；说它年轻，是因为直到二十世纪开始人们对光的本性的认识，才有了一个很大的飞跃，认识到光具有波粒二象性。十七世纪牛顿把光线看作一种微粒射线（rays），坚持光的微粒说。到十九世纪杨通过干涉实验有力地证明了光具有波动性，支持光的波动说。到十九世纪中期，麦克斯韦（Jams Maxwell，1831—1879）证明了光就是电磁波，推动科学界对光的波动性有了更深入的认识。二十世纪初德国物理学家，现代量子理论奠基人之一普朗克（Max Planck，1858—1947）（顺便说一下，果然名师出高徒，他正是三原色理论创始人之一赫尔姆霍兹的学生），于 1900 年在研究黑体辐射时，发现一些问题，于是大胆提出一个假设：一个原子谐振子吸收或者发射一个一个不连续的能量，这个能量正比于它的频率 v。1905 年，二十世纪伟大的科学家爱因斯坦（Albert Einstein，1878—1955）通过光电效应，肯定了普朗克的假说，进一步断定光的能量是由一个一个小粒子组成，一个粒子的能量 $\varepsilon=hv$，h 称普朗克常数 $h=6.62607015\times10^{-34}\text{Js}$。如果有 m 个粒子，那么 $\varepsilon_m=mhv$，m 是正整数。后来大家把这个粒子称为"光子"。光子是以电磁波的速度在传播，光子的静止质量为零，在运动中以动量的方式与电子作用，转化为能量。一个光子的动量 $P=\dfrac{hv}{c}$，动量是矢量。从二十世纪初光子理论到此后二三十年代，在丹麦物理学家玻尔（Niels Bohr，1855—1962）、奥地利物理学家薛定谔（E. Schrödinger，1887—1961）、法国物理学家德布罗意（L. De-Broglie，1892—1987）及德国物理学家玻恩（Max Born，1882—1970）等多位科学家的共同努力下，终于揭开了蒙在古老光学上面的面纱。单个光子在空间的位置虽然无法确定，但大量光子的概率分布就可以给出一个确定的结果，某一点光子出现的概率正比于该点光波振幅的平方，这就是光子的概率密度。联系到人的颜色视觉，当数以万计的光子同时进入眼睛，光的波函数中振幅的平方，即 $|E|^2$ 也可以看作光子出现的概率密度。这样，眼睛对于入射光无

论是振幅还是光子数,就把光的波动性与粒子性很好地统一起来。原本在视觉里,光既显波动性,又显粒子性,在复频谱颜色理论里,统一了光的波粒二象性,即说它有波动性,光有波长、频率和振幅,它以电磁波的形式传播;说它有粒子性,光子的能量是一份一份的,一个光子的动量 $P = \dfrac{h\nu}{c}$,显然光子在辐射或被吸收过程中表现出的是粒子特性。光当然是一种矢量,电场和磁场都是矢量场,光的复振幅随相位变化,也是矢量,光子的动量也是矢量。既然光与色具有紧密的相关联系,那么说颜色也具有矢量性是可以理解了。

这场光学新思想革命发生的时间从二十世纪初到三十年代,其影响大多局限在少数物理学家范围内。而莱特、吉尔德等颜色科学家做的光色匹配实验恰恰也在这个时代。本来应该是光与色两个有着紧密联系的科学成就,却阴差阳错擦肩而过,实在是颜色科学的一件憾事。

光与色的关系实在是太密切了,可以说光与色是形影相随。光的复振幅的矢量特性映射出颜色的矢量特性,复频谱光与色的关系:光的频率映射在复频谱上就是颜色的相位,光量的强弱映射出颜色的明暗程度。既然颜色的特性是源于光的特性,那么逆推过来,也可以从光的特性推导出颜色的特性。今天回顾这段历史,是想说复频谱颜色理论正是在先辈们颜色与光的理论基础上产生的。可以说,没有先辈们颜色科学的大量实践,没有光的波粒二象性的现代光学的理论基础,没有积分变换的数学工具,就不会有今天的复频谱颜色理论的产生。

本书中复频谱的定义是:以可见光红端频率 384MMHz 为基频,蓝紫端频率 768MMHz 为一个倍频,对应波长为 390 ～ 780nm,这个频域里的可见光变换的色矢量均匀地分布在 0 ～ 2π（0° ～ 360°）相域内。

第4章 光色变换复频谱 颜色数学模型

　　人是最高级的智能化动物。大家普遍认为，在人与自然界的互动中，依靠视觉获取的信息，大约占全部信息的百分之八十以上。达尔文（Charles Robert Darwin，1809—1882）在《人类起源及性的选择》一书中说："眼睛是在漫长的自然选择过程中进化的结果，在外界环境影响下，为争取生存，在适应外在环境斗争中，有机体变化的结果。"大自然湛蓝的天空，青翠的山峦，黄花绿叶，阳光明媚，姹紫嫣红。人类就是在这样的自然环境及阳光的沐浴中才逐渐进化到今天的颜色视觉。太阳光是一种特殊的物质，它在给地球送来光明的同时，也给予了能量。尽管到目前为止，有关人的视觉神经系统光色变换运行机制还不十分清楚，但是人们从自身经验中知道：有光就有色。在杨—赫三原色说基础上进行的光色匹配实验也表明，光与色之间也确实存在一定的内在联系。现在的问题是我们能不能找到一个数学模型，用它来模拟光与色变化的内在联系。

　　那么光是什么？"光是以能够在人眼的视觉系统上引起明亮的颜色感觉的电磁辐射。"再说色，"色是光作用于人眼引起的除形象以外的视觉特性"。我们知道，光是电磁波，也就是电磁辐射。电磁辐射也是一种能量的传递过程。今天我们对电磁辐射的认识已经有了很大的提高。而可见光仅仅是电磁辐射大家族中范围很小的一部分，如图 4-1 所示。

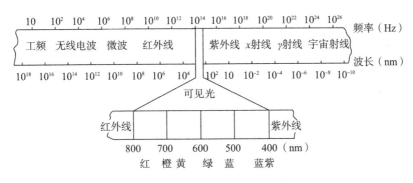

图 4-1　电磁波家族中的可见光

　　一般认为可见光波长范围在 380 ～ 780nm。波长长于 780nm 的电磁辐射称红外线；波长短于 380nm 的电磁辐射叫紫外线。比红外线波长更长的是微波、无线电波直至工业交流电磁波；比紫外线波长更短的是 x 射线、γ 射线、宇宙射线。红外线能激励物体分子产生热运动，使物体温度升高。而紫外线则可以破坏物质的分子结构，对人体细胞有一定的杀伤作用。

　　关于光与色的关系，作个形象的比喻，无线电广播大家都很熟悉了。无线电广播的电磁波分载波和调制波。负载播送信号的是具有一定功率的载波。而用音频调制的信号称调制波。依靠载波的功率将载有声音信号的电磁波播送出去。把原本是机械振动的声波，通过电磁波的功率播扬远方。光与色相比，不妨把白光看作载波，物体对白光选择性吸收，使白光的振幅发生变化，看作对白光振幅的调制。原来白光在各个频率上的矢量是平衡的，振幅发生变化以后，矢量就不平衡了，被调制的光进入眼睛，刺激视细胞，产生脉冲信号，视神经系统对信号进行变换处理，从中提取各个频率的色矢量信息，再经过矢量平衡、加和，白光变成了色光，就产生了颜色知觉。

　　二十世纪七十年代，光学工作者蒋筑英不幸英年早逝，他生前引进光学传递函数，用于对像质的评价，事迹感人，深受启发。新兴的光学传递函数 [6]，使用的数学工具是傅里叶积分变换。图像虽然是静止的，但是它在二维空间分布，也可以把图像看作光分布在二维空间的一种"波动"。而光学传递函数巧妙之处就在于将空间比拟时间，光在空间的分布比拟空间频率，由此在光学前沿产生了一个新的学科傅里叶光学。从此人们便可以采用光学传递函数空间频谱的分析方法对图像质量进行更为精密的量化评价了。光学传递函数虽然是解决像质评价的问题，而它的频谱分析方法却很有启发，空间维可以用频谱分析，时间维当然也可以用频谱分析。

从电磁波函数式 $E=E_0 e^{i\omega t}$（其中 $\omega=2\pi\nu$）来看，一旦时间 t 变成常量 T 后，它的振幅 E_0 和频率 ν 就成为负载信号的两个最基本元素。这就启发我们，解决光与色变换问题从波动入手似乎是个正确的切入点。而数学工具积分变换恰恰是得力的选择。二十世纪六十年代以来，科学家把傅里叶变换应用到通信领域，获得了巨大的成功。一个有意思的情况是，人的听觉系统也是一个很精妙的傅里叶变换器，它通过频谱分析，从混杂的声音中按照频率的高低，一一分析出来。如果声音中有丰富的谐频，还能使我们获得美妙动听的音乐享受。人们掌握了音频的频谱分析技术，这才产生了今天众多的电声乐器。

万物生长靠太阳。人类是在太阳的光照沐浴下，经过漫长的进化才逐渐形成了颜色视觉。今天的人们适应了太阳光。虽然一年之中有春、夏、秋、冬的季节变化，一天之中还有晨、午、暮、夜时相的不同，天空中又有晴、云、阴、雨的气象变化，但是人的眼睛在这些自然现象中依然对光照强弱的变化有着非常敏感的适应能力。以勒克斯（lx）为单位，不同可见光照射下照度变化如表 4-1 所示 [7]。

表 4-1　自然光照条件下的照度

天空情况	照度 (lx)
阳光直射	1.3×10^5
云天	10^3
阴天	10^2
晨昏	10
满月	10^{-1}
无月星空	10^{-3}
无月云空	10^{-4}

lx（勒克斯）是照度的国际单位，又称米烛光。即 1 流明的光通量均匀分布在 1 平方米面积上的照度，就是 1 勒克斯，符号 Lux，简写作 lx。

勒克斯是引出单位，由 lm（流明）引出。流明，光通量单位，即发光强度为 1 坎德拉的点光源，在单位立体角（1 球面度）内发出的光通量为 "1 流明"，符号 lm。

流明则由标准单位坎德拉引出。坎德拉是发光强度的单位，简称 "坎"，符号 cd，是一光源在给定方向上的发光强度，该光源发出频率为 540×10^{12} Hz 的单色辐射，且在此方向上的辐射强度为 1/673 瓦特每球面度为 1cd。

在一片明亮阳光下，光子的通量密度可达 $10^{21}/\text{m}^2 \cdot \text{s}$ [8]。人眼对颜色的辨别主要是依靠锥体细胞，它们主要分布在视网膜中心凹部位。在这里每平方毫米分布着 140000 ～ 160000 个锥体细胞 [8]。假设 1 个锥体细胞在 1 秒钟内可以接受 N 个光子，则有：

$$N = (\frac{10^{21}}{10^6 \text{ mm}^2 \times \text{s}}) / (\frac{1.5 \times 10^5}{1 \text{ mm}^2}) = 6.7 \times 10^9 \text{个} / \text{秒} \qquad (4\text{-}1)$$

在亮光下 1 个锥体细胞在 1 秒钟内可以接受 60 多亿个光子，这可是个天文数字。可是随着光照强度的减弱，锥体细胞辨别颜色的能力也随之下降。上面的照度表表明，最强的光照与最弱的光照其强度相差大约 10^9 的数量级。照此，在无月云空，1 个锥体细胞 1 秒钟内接受的光子数就只有 6 ～ 7 个了。大量的科学实验表明，必须有足够大数量的光子数同时落在 1 个锥体细胞上，才能产生颜色视觉。而仅仅几个光子显然不足以刺激锥体细胞产生颜色视觉，只能刺激杆体细胞产生亮暗感觉。

人的视觉神经系统的运行机理实在是太复杂了，至今仍是人的生命科学研究的前沿领域。我们不妨另辟蹊径。在控制论里有一个黑箱（black box）理论，对于一个运行机制十分复杂的系统，尽管我们一时还无法揭示其内秘密，但总是可以从系统外部信号输入和系统最终输出的信号入手，找到二者的关系，只要能找到一个数学模型，给它一定赋值和边界条件，使它能够准确模拟这个系统的输入与输出的数学关系，便有实用价值。数学模型模拟的仅仅是系统输入与输出的数学关系，并不是演示系统内部的运行机制。

在人的视觉系统中，可以把光看作输入，颜色则是输出。我们只要能找到一个数学模型，使它既能反映光的特性，又能反映出颜色的特性，模拟的也仅仅是光量的输入与色量的输出的数学关系，那么这个数学模型也是有实用价值的。

德国著名物理学家，现代量子理论的奠基人之一普朗克说："科学是内在的整体，它被分解为单独的部门，不是取决于事物的本质，而是取决于人类认识能力的局限性。实际上存在着从物理学到化学，通过生物学到人类学，到社会科学连续的链条。"下面我们试图将光矢量变换成色矢量，用复频谱数学模型，从自然界的光到人类的颜色视觉二者之间建立起这个科学链条。

光色变换复频谱数学模型可以应用通信科学积分变换推导出来，可以用电磁波函数式推导出来，也可以用光子动量公式推导出来。下面将一一做出推导。

第一节 积分变换推导复频谱数学模型

光是电磁波，电磁波的波函数一般用如下形式表达：$f = (x, y, z, t)$。相对于光速而言，人在空间的位置可以看作静止的，所以可以把光的波动仅仅看作时间函数，用 $f(t)$ 表示。应用现代通信科学"信号与系统"理论，光刺激视细胞后产生神经脉冲，不妨把神经脉冲看作 Delta 信号 $\delta(t)$ 的脉冲序列，即 $\delta(t-nT)$。式中 n 是从零到无穷大的自然数列；T 是脉冲间隔时间。进入人眼的光是时域连续信号 $f(t)$，经过神经脉冲信号 $\delta(t-nT)$ 的处理，则变成了时域离散信号 [9]，即

$$\int_0^\infty f(t) \cdot \delta(t - nT) dt = f_s(nT) \qquad (4\text{-}2)$$

显然，$f_s(nT)$ 是一个时间间隔为 T 的经 n 次抽样离散的时域函数信号。这种信号只有在时间 t 等于 T 的整数倍时，信号 $f_s(nT)$ 才有值，当 $t \neq nT$ 时，$f_s(nT) = 0$。

在（4-2）式里 T 是时间常量，反映了在 nT 时间内进入一个锥体细胞的光子

概率，与振幅相关。由此，（4-2）式的积分又可以写成如下求和式：

$$f_s(nT) = \sum_{n=0}^{\infty} f(t) \cdot \delta(t-nT) \tag{4-3}$$

为了把时域信号变为复频域信号，需要对（4-3）式进行拉普拉斯变换，即将 $f_s(nT)$ 变换为 $F_s(s)$：

$$F_s(s) = \int_0^{\infty} \left[\sum_{n=0}^{\infty} f(t) \cdot \delta(t-nT)\right] \cdot e^{-st} \mathrm{d}t \tag{4-4}$$

将（4-4）式的积分与求和前后次序对调一下，先积分再求和，得到：

$$F_s(s) = \sum_{n=0}^{\infty} \int_0^{\infty} [f(t) \cdot \delta(t-nT)] \cdot e^{-st} \mathrm{d}t = \sum_{n=0}^{\infty} f_s(nT) \cdot e^{-snT} \tag{4-5}$$

现在引入一个新的变量 Z，进行 Z 变换，使 Z 平面与 S 平面成映射关系，即

$$Z = e^{sT} \tag{4-6}$$

这样一来，（4-5）式中的复指数函数就变成了 Z 的复变函数，即

$$e^{-snT} = Z^{-n} \tag{4-7}$$

那么，原来的拉普拉斯变换的复频域 $F_s(s)$，就变成了复变函数 Z 的负 n 次幂的求和式，即

$$F_s(s) = \sum_{n=0}^{\infty} f_s(nT) \cdot Z^{-n} \tag{4-8}$$

这是一个复变量 Z^{-1} 的 n 次幂级数之和。如果 $|Z|>0$，则级数收敛。

在拉普拉斯变换里，复平面：$S = \sigma + i\omega$，是个复数；在 Z 变换里，Z 平面：$Z = re^{i\theta}$，也是个复数。把两个复数平面联系起来，即

$$Z = e^{sT} = e^{\sigma T + i\omega T} = e^{\sigma T} \cdot e^{i\theta} = re^{i\theta} \tag{4-9}$$

（4-8）式中的 $f_s(nT)$ 项与视神经脉冲序列相关，实际上与光的振幅相关。（4-9）式中的 $e^{\sigma T}$ 项，其中指数 σ 是个实数，如果 $\sigma<0$，则 $e^{\sigma T}$ 项递减。假设让 $e^{\sigma T}$ 项与 $f_s(nT)$ 项相乘，即 $f_s(nT) \cdot e^{\sigma T}$，则数列收敛。现在把 Z 变换与视神经脉冲序列联系

起来 $f_s(nT)·e^{\sigma T}$ 项相当于振幅 r，于是

$$Z = f_s(nT)·e^{\sigma T}·e^{i\theta} = re^{i\theta} \qquad (4\text{-}10)$$

到此，(4-10)[10] 式已不仅仅是一个积分变换式，在（4-10）式里 r 对应了光的振幅，而 θ 已不仅仅是相位（弧度），$\theta=\omega T$，又因为 $\omega=2\pi v$，v 是光的频率。在 Z 平面上，相位 θ 对应的是光的频率。在两级积分变换里，设定一个时间 T，于是原本在时域 t 里光的动态频率 v 映射在复频谱上变成了复频域静态 θ 的相位。也就是说，在一定时刻 T，可见光的不同频率映射在 Z 的极坐标复平面上均匀地分布在不同相位（弧度）上。光在进入眼睛以前是电磁波，一旦进入眼睛，经过 T 时信号处理，被人感知，光就变成色了。在 Z 平面上，光的振幅与矢径 r 相关，光的频率与相位 θ 相关。不同的频率，对应不同的相位，显示不同的颜色。这就是在 Z 平面上光与色有对应的物理意义。（4-10）式 $Z = re^{i\theta}$ 就是光色变换复频谱数学模型的表达式。

有朋友会问，为什么要进行这些积分变换？光无论是波动性还是光子的动量都具有矢量性。我们设定颜色也具有矢量性。那么只有在复数域里才能找到光与色的映射关系。另外，积分变换的妙处在于通过它就可以把动态的时域变量变换成静态的频域变量。而又可以把频率变换成相位，将频率与色相对应，这样一来，就给颜色赋予了与光对应的物理性能。

那么，既然拉普拉斯变换的 S 域 $e^{\sigma+i\omega}$ 已经是复数域了，如图 4-2 所示，为什么还要进行 Z 变换？在图 4-2 拉普拉斯变换 S 域里，σ 是实轴。而与频率相关的 $i\omega$ 在虚轴上。我们知道，可见光的频率在电磁波大家族的频域里只占很窄的一小部分，而且可见光红端以外的频率继续向更低的方向延伸；而蓝端以外的频率也继续向更高的方向延伸。红蓝两端延伸的方向相反，它们两端在 S 域复平面上不可能重叠。

与频率相关的是色相，大量人工视觉实验表明，可见光产生的颜色按频率排列，红端颜色与蓝端颜色在色相上却是接近的。由它们俩合成的紫红色从蓝

到紫红再到红，在色相的变化上也是连续性的。可是在拉普拉斯 S 域的虚轴上无法实现这种周期性的重叠与连续。考虑到在 Z 变换里将圆频率 ω 变换成相位 $\theta(0 \sim 2\pi)$，呈现出的周期变化，恰好可以满足色相变化的要求，Z 变换 Z 平面如图 4-3 所示。

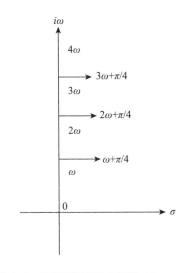

图 4-2　拉普拉斯变换 S 平面（$S = \sigma + i\omega$）

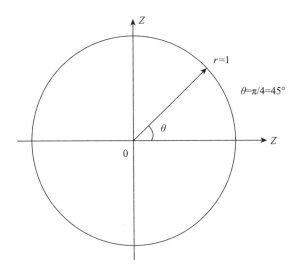

图 4-3　Z 变换 Z 平面（$Z = re^{i\theta}$）

在 Z 平面里，若以某一个频率为基频 v_0，假设这个基频位于零相位，那么与这个基频所有正整数 n 的倍频的频率转过 n 个 2π 后都与基频处在同一个零相位上。而这个倍频内其他频率则会均匀地分布在 Z 平面 $0 \sim 2\pi$ 相位上。可见光红端的频率为 384MMHz，紫端的频率为 768MMHz，恰好是一个倍频。这样红紫两端的相位都重叠在零相位上。由频率映射的色相在 Z 平面上形成一个封闭的、连续的色相环。

拉普拉斯变换只是复数平面，Z 变换则将复数平面进一步变换为周期循环的相平面。虽然二者表征的都是矢量，但是光从 Z 变换复平面上的相矢量（phasor）映射到复频谱变成色矢量，不仅能够将频率的变化与色相的变化一一对应，更能表达色相变化的规律，从而证明当年牛顿假想的颜色环是有科学依据的。

第二节　光的波粒二象性导出表征颜色的复频谱数学模型

二十世纪初德国物理学家普朗克和爱因斯坦创立了光的量子学说，后经多位科学家的创造性工作，到二十世纪三十年代，人类对光的本质的认识有了飞跃性提高，认识到光不仅仅是电磁波，在传递过程中显示波动性，同时光又是以一个一个光粒子的形式与物质发生作用。电磁波的复振幅显示矢量性，光子具有动量也显示矢量性，颜色也具有矢量性，这表明光与色之间必然存在着一定的内在联系。矢量在数学上用复数表示。光是以每秒 30 万公里的速度传播能量的电磁波。人在空间的位置与移动，相对于光速可以认为是静止的。以下将从光的电磁波一维时域函数式及光子动量公式出发，推导出光色映射复频谱颜色数学模型：

$$Z = re^{i\theta} \tag{4-11}$$

（1）电磁波一维时域函数表达式：

$$E = E(\cos \omega t + i \sin \omega t) \tag{4-12}$$

式中　　E——电磁波的复振幅;

　　　　E——振幅,是复振幅 E 的模,即 |E| =E;

　　　　ω——圆频率,$\omega = 2\pi v$;

　　　　t——时间变量。

我们知道,颜色虽然是由光引起的,但是颜色与时间变化无关。设想从光进入眼睛,到视觉感知颜色,大约需要一个定时 T,把这个定时 T 代入(4-12)式,则 $\omega T = \theta$。可以理解为光线进入眼睛,刺激视锥细胞,产生神经脉冲信号,把可见光的不同频率同时"定格"在不同相位 θ 上,于是(4-12)式变成以相位 θ 为变量的函数式,得到:

$$E=E(\cos \theta+i \sin \theta) \tag{4-13}$$

如果说(4-12)式描述的是电磁波在时域 t 的动态函数,那么(4-13)式描述的则是以 θ 为变量的静态函数。对(4-13)式进行微分,得到:

$$dE =Ed(\cos \theta+i \sin \theta) =E(d\cos \theta+id \sin \theta) =E(-\sin \theta d\theta+i \cos \theta d\theta)$$

$$= Ei(i\sin \theta d\theta+\cos \theta d\theta) = Ei(\cos \theta+i \sin \theta)d\theta=iEd\theta$$

移项,有:

$$\frac{dE}{E} = id\theta \tag{4-14}$$

加上边界条件,对(4-14)式积分,得到 $\int \frac{dE}{E} = i\int_0^\theta d\theta$,既有 $\ln(\frac{E}{E}) = i\theta$,则有:

$$E=E\cdot e^{i\theta} \tag{4-15}$$

(2)光子动量反映的是光的粒子性,光子动量也是矢量。一个光子的动量是:

$P = \frac{hv}{c}$,由于 $v = \omega/2\pi$,又 $h/2\pi = \hbar$,于是该式变成式(4-16):

$$P = \frac{\hbar}{c} \cdot \omega \tag{4-16}$$

式中　　P——一个光子圆频率为 ω 时的动量;

　　　　$\hbar$——普朗克角常量等于 1.055×10^{-34}J·s;

c——光速，$c=2.99792 \times 10^8 \text{m} \cdot \text{s}^{-1}$。

光子的动量与其圆频率 ω 呈线性关系。我们知道，从光进入眼睛到产生色觉需几十毫秒的时间，这一时间以 T 表示。我们还知道，能在人眼产生颜色视觉的光不是少数几个光子，而是一个光子数非常巨大的光子流。设某个频率 v 的光子数为 n，n 是一个很大的自然数，它体现了光的粒子特性。故在（4-16）式两边同乘以 n，同时在（4-16）式右边再乘以 T/T，得到：

$$n \cdot \text{P} = n \cdot \frac{\hbar}{c} \cdot \frac{T}{T} \cdot \omega = n\text{P} = n \cdot \frac{\hbar}{cT} \cdot \theta \qquad (4\text{-}17)$$

一个光子的动量乘以 n，n 个光子的动量仍然是动量，将常量 $\hbar/cT$ 系数归 1，令 $p = n(\hbar/cT)$，则（4-17）式变成：

$$\text{P} = p \cdot \theta \qquad (4\text{-}18)$$

由于在（4-17）式中加入了时间因子 T，将（4-16）式中的 ωT 变成相位 θ，使得（4-18）式的性质发生了质的变化。（4-16）式表达的是某一光子瞬时的动量，这是在时域里的动态矢量。而（4-18）式表达的是同一频率众多光子动量映射在复频域后与时域无关，而是一个相对静态的相矢量，实际就是复频谱相位的色矢量。这一点非常重要，因为这正是光与色既有联系，又有区别的关键所在。对（4-18）式微分：

$$\text{dP}/p = \text{d}\theta \qquad (4\text{-}19)$$

加上边界条件，对（4-19）式积分，需要说明的是，（4-19）式右边是与某一个频率相关的相位 θ，若要对可见光全频域积分，就是在复数域积分，所以还要加上符号"i"。这样积分如下：

$$\int_p^P (\text{dP}/p) = i\int_0^\theta \text{d}\theta \qquad (4\text{-}20)$$

由此得到 $\ln(\text{P}/p) = i\theta$，即

$$\text{P} = p \cdot e^{i\theta} \qquad (4\text{-}21)$$

通过以上积分变换及光的波粒二象性等三个不同的路径，将光的动态时域函数变成静态相域函数。首先是利用光作用于人的视锥细胞，产生神经脉冲信号，然后经过拉普拉斯变换和 Z 变换，导出（4-11）式：$Z=re^{i\theta}$。继而利用光的波粒二象性中的电磁波函数导出（4-15）式：$E=E \cdot e^{i\theta}$。最后利用光子动量公式导出（4-21）式：$P=p \cdot e^{i\theta}$。三个表达式左边因子 Z、E 和 P 物理意义虽有不同，然而它们都是以等式右边的相位因子 θ 作为指数，其指数函数的数学性质则是完全相同的。按照现代光学波粒二象性理论 [11]，同一时刻在同一地点出现的同一个频率的光子数的概率振幅，等效于同一频率的复振幅。也就是说，（4-15）式中 E 与（4-21）式中的 P 在物理意义上是等效的，在函数关系上也是等值的。将三个式子左边的符号统一令 Z=E=P，那么右边的符号是左边的绝对值，即 $r=E=p$，则有：

$$Z=re^{i\theta} \tag{4-22}$$

由此可以看出，三个不同路径的推导殊途同归。（4-22）式表达的数学模型表明，从物理光学到人的视觉生理在光与色之间确实存在一条"普朗克链条"。人的视神经信号处理过程是物理、生理与心理多因素交织在一起的十分复杂的过程。这里另辟蹊径，用的数学模型仅仅抓住了光色的矢量特征，在复频谱上模拟了光与色的映射关系。

第三节　复频谱上频率与相位

相位（phase position）一词在《现代汉语词典》里是这样解释的：做正弦变化的物理量，在某一时刻（或某一位置）的状态可用一个数值来确定，这种数值叫相位。在正弦函数式 $y=\sin\theta$ 中，θ 即相位。在光色变换复频谱色矢量函数式 $Z=re^{i\theta}$ 里，指数 θ 也是相位，$\theta=\omega T$，ω 称角频率。用 v 表示光的频率，$\omega=2\pi v$，但是当光线进入人眼睛被"定格"以后，映射在复频谱上时间 T 是不变的，由

此相位 $\theta = 2\pi vT$。色矢量 Z 的相位 θ 仅随频率 v 的变化在 $0 \sim 2\pi$ 相域里变化。

现在引入一个表征频率变化的因子 n，设 T 等于 1，这样相位 $\theta=n\cdot2\pi$。假设 $n=1$，2，…，是一个正整数列，当 $n=1$ 时，$\theta=2\pi$；$n=2$ 时，$\theta=4\pi$；$n=3$ 时，$\theta=6\pi$，…。也就是说，n 每增加一个正整数值，θ 相位就逆时针旋转一周，增加一个 2π，与初始相位重合。可见光的频率只是广阔电磁波频域中很窄的一小部分。设定可见光红端最低频率 $v_0=384MMHz$，紫端最高频率为 768MMHz，可以看到最高频率正好是最低频率的 2 倍，其相位也增加一个 2π。习惯上设定红端频率 384MMHz 的相位为 0，那么紫端 768MMHz 的相位就是 2π。由此可以设想，可见光的频率从红端的 384MMHz 开始，在复频谱上按逆时针方向逐渐增加到紫端的 768MMHz 时，那些中间频率的相位从初始 0 相位逐渐增加到 2π。就是说可见光所有频率均匀地分布在 $0 \sim 2\pi$ 的相位上。在复频谱极坐标上，0、2π、4π 等都是 0 相位，在可见光所有频率的相位仅仅分布在一个 2π 条件下，频率因子 n 就不能是正整数。设可见光频域内任意一个频率为 v_n，只要满足 $0 \leqslant n \leqslant 1$，则这时的频率因子 $n = \dfrac{v_n - v_0}{v_0}$，它的相位 $\theta_n = n\cdot2\pi = (\dfrac{v_n - v_0}{v_0})\cdot2\pi$。式中 $v_0=384MMHz$，是红端的最低频率，也是可见光的基频。特别说明的是，上述相位 θ_n 的量纲是弧度（rad），而在三角函数运算中相位的单位大多使用角度（°）。所以，若以角度表示相位，则有：

$$\theta_n = (\frac{v_n - v_0}{v_0})\cdot2\pi\cdot\frac{360^\circ}{2\pi} = (\frac{v_n - v_0}{v_0})\cdot360^\circ \tag{4-23}$$

下面，通过几个例题来证明该公式的重要性

（空气中光速 $c = 299792\times10^{12}nm\cdot s^{-1}$）。

例 1：可见光紫端的频率为 768MMHz，请计算其相位。

解：$\theta_n = (\dfrac{768 - 384}{384})\times360^\circ = 360^\circ$

例 2：可见光波长 700nm，请计算其相位。

解：波长 700nm，其频率 $v_n = \dfrac{299792\times10^{12}nm\cdot s^{-1}}{700nm} = 428.27\ MMHz$，其相位

是 $\theta_n = (\dfrac{428.27-384}{384}) \times 360° = 41.503°$，在复频谱色度图上红色区域。

例 3：可见光波长 546.1nm，请计算其相位。

解：波长 546.1nm，其频率 $\nu_n = \dfrac{299792 \times 10^{12}\,\mathrm{nm \cdot s^{-1}}}{546.1\mathrm{nm}} = 548.969\,\mathrm{MMHz}$，其相

位是 $\theta_n = (\dfrac{548.969-384}{384}) \times 360° = 154.658°$，在复频谱色度图上绿色区域。

例 4：可见光波长 435.8nm，请计算其相位。

解：波长 435.8nm，其频率 $\nu_n = \dfrac{299792 \times 10^{12}\,\mathrm{nm \cdot s^{-1}}}{435.8\mathrm{nm}} = 687.912\,\mathrm{MMHz}$，其相

位是 $\theta_n = (\dfrac{687.912-384}{384}) \times 360° = 284.917°$，在复频谱色度图上为蓝色区域。

以上计算的均为可见光红紫两端范围内频率的相位，那么红紫两端以外且靠近其中一端的频率，其相位如何呢？

例 5：请计算红端以外频率为 380 MMHz 的相位。

解：其相位在复频谱色度图上是顺时针旋转，转向下方蓝区，
$\theta_n = (\dfrac{380-384}{384}) \times 360° = -3.75°$，即 352.25°，在复频谱色度图上蓝色区域。

例 6：请计算紫端以外频率为 780MMHz 的相位。

解：其相位在复频谱色度图上是逆时针旋转，转向上方红区，
$\theta_n = (\dfrac{780-384}{384}) \times 360° = 371.25°$，即 11.25°，在复频谱色度图上为红色区域。

可见光红紫两端以外的频率在人的视网膜上的响应是不会戛然而止的，还会继续延伸，但是会逐渐衰减直至为零。在复频谱色度图上，红光顺时针旋转向蓝色区域，蓝光逆时针旋转向红区。可见光红紫两端的相位 0° 与 360° 重合，这个相位的颜色既不是红色，也不是蓝色，而是红色与蓝色两个色矢量 1∶1 相加后的紫色。其延伸的结果是，在复频谱上，0° 以上蓝色成分渐少，红色成分渐强；0° 以下则是红色成分渐少，蓝色成分渐强，形成一个由蓝到紫红，再由紫红逐渐向红的连续均匀的色相。可见光频率、波长与相位对应关系见书后附表。

在有些书里把可见光在视觉上显示的红、橙、黄、绿、青、蓝、紫等不同颜色与波长一一对应，定义为色调。在波长域里，红蓝两色分处波长域的两端，不可能形成一个闭合的周期，没有矢量的特性，当然也就没有相位的含义。需要说明的是，只有颜色与频率的相位一一对应，才能称为色相。在这里颜色的相位有着明确的矢量含义。

光线从进入眼睛到产生色知觉，大约需要几十毫秒的时间，把这个时间定为 T，那么 $\omega T=\theta$，而角频率 $\omega=2\pi\nu$，ν 为可见光的频率，这时的 $\theta=2\pi\nu T$，它表征的是在同一时刻 T，不同频率映射在复频谱上，被"定格"在 $0\sim 2\pi$ 的不同相位上。光在这个频率的相矢量映射在复频谱上定格成了色矢量，其光与色的联系和区别如表 4-2 所示。频率 ν 与相位 θ 不仅成正比关系，而且呈环状均匀分布。多年来，人们追求的色相与频率均匀变化的愿望，在复频谱上得以实现。

表 4-2　光与色的联系与区别

相互关联的项目	光	色
数学表达式	电磁波函数 $E=E_0\cdot e^{i(\omega t+\alpha)}$	复频谱色矢量函数 $Z=re^{i\theta}$
与频率有关的相位	$\omega t=\theta$，相矢量时域的相位	$\omega T=\theta$，复频谱频域色矢量的相位
矢量特性	相矢量、时域、瞬时、动态	复频谱上、频域、色矢量、静态
存在状态	存在空间，具有能量的特殊物质	存在人的大脑中，视觉特性
特性关联	相对能量高低	复频谱亮度高低
属性	波动性、粒子性、波粒二象性	生物物理性、心理性、物心两重性

自从 1931 年 CIE 颁布了 1931CIE-XYZ 色度系统以后，人们就可以对颜色进行测量并给出定量描述。检测颜色最常用的仪器就是分光光度计，通过仪器把检测结果用光谱图的形式记录下来。可见光波长范围一般取 380 ～ 780nm，以波长作为横坐标，对于光源以相对光谱功率分布作纵坐标；对于物体依据表面状况，可以反射率因数或透射率作为纵坐标，将测得的数据标在对应横坐标波长的纵坐标上，青色油墨的光谱图如图 4-4 所示。

由于光的波长与频率有着一一对应的关系，所以也可以用频率为横坐标作图，同样用光的反射率因数或透射率作纵坐标，则青色油墨的频谱图如图 4-5 所示。

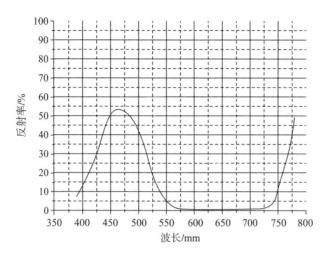

图 4-4　天津东洋 TCT-429-R 青色油墨光谱图

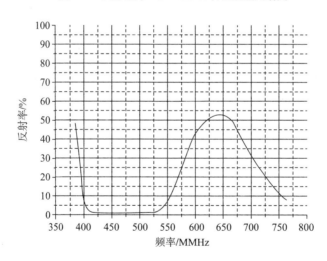

图 4-5　天津东洋 TCT-429-R 青色油墨频谱图

　　无论是光波还是机械波，它们的共性都是以波动的形式传递能量。人们关心的是波在传递过程中能量是如何分布的。由于波的传播是随时间而变化的，把波动在时域里的能量分布进行积分是一种方法。另外，把波动在频域里的能量分布进行积分也是一种方法。无论是在时域里积分还是在频域里积分，虽然积分变量不同，结果是等效的。同样一个波函数，只要它是可解析的，既可以在时域里动态下进行积分，也可以在频域里静态下进行积分，这就是波函数研究中最常用的积分变换方法。

第四节　色相环上颜色的连续性与均匀性

当年牛顿用三棱镜将日光折射出红、橙、黄、绿、青、蓝、紫七种颜色，在紫与红之间加上紫红色，将它们排列成环状，后人称为牛顿颜色环。人们注意到，这八种颜色之中，每相邻两个颜色之间，颜色由一种过渡到另一种，用眼睛很难分辨出其变化界限。当两种颜色区别比较明显时，人们可以用红、黄、绿、蓝命名并加以区分，进一步还可以增加玫瑰红、粉红、金光红、橙黄、柠檬黄、草绿、天蓝、深蓝将其细分。但是，用命名的方法区分颜色显然不是最好的方法。

颜色是由光引起的。人类的颜色视觉最适应的是日光等热辐射光源。它辐射的是连续光谱，在该光源照射下产生的颜色，其色相的变化当然也是连续的。在连续光谱上产生的颜色，从理论上说可以有无限多种，但是凭视觉人们能够分辨出的颜色大约有180种。在复频谱色度图上可辨别颜色的宽容度大约为2°。显然，面对这么多种颜色，用命名的方法对颜色加以区分，既不容易记忆，更无法量化与计算。

光的频率是连续变化的，在复频谱上与频率对应的相位当然也是连续变化的。频率与相位有着明确的物理属性，所以我们采用相位来区分颜色，称"色相"。

在光色实验中，人们习惯采用波长标记颜色的色相或色调（hue），波长是光在某一传递介质中的基本属性之一。同一个频率的光线，通过不同介质时，其折射率不同，光速也会不同，波长则随之发生变化。所以在物理光学中，人们更习惯用光的频率表征光的基本属性，特别是在光与色的关系中，可以说频率是表征光的基本特征的本征因子。

二十世纪七十年代 CIE 提出的 1976CIE-Luv 及 1976CIE-Lab 两个均匀颜色

空间，色调变化的均匀性有了明显改进。但是它们是在原来的 CIE-XYZ 色度系统波长域的基础上，通过一系列非线性坐标变换推导出来的。以 CIE-Lab 均匀颜色空间为例，在原来的 CIE-XYZ 色度系统中，色调与主频率尚存在着一定的对应关系，但在 CIE-Lab 色度空间里，这种对应关系不存在了。从它的色度坐标 +a、−a、+b 和 −b 来看，与十九世纪德国生物学家埃瓦尔德·赫林（Ewald Hering）提出的对立颜色学说所建立的红、绿、黄、蓝四色坐标比较接近。但是进一步分析，它的色相均匀性不及复频谱色度坐标上频率与相位一一对应的均匀性好。原因在于以下几个方面。

1. 基于 CIE-Lab 色空间建立的 a-b 坐标，其色相夹角与色矢量合成后定义的方向无物理关联，并不具有相位的矢量特性；

2. CIE-Lab 颜色空间是从 CIE-XYZ 非均匀颜色空间，基于人眼睛的视觉变化修正而来的，其色相分布本身就具有非均匀性；

3. 在复频谱色度系统上光的频率在相位上均匀分布，而波长与频率成反比关系，因此在波长域上就不会均匀分布。

现以常用的十种油墨颜色（即复频谱色相值）在波长域和频率域分布情况加以说明。十种油墨计算出的复频谱色相值、对应的主波长和主频率统计列表如表 4-3 所示。

表 4-3　十种油墨色相对应的波长和频率统计表

序号	油墨名称	色相	主频率 /MMHz	主波长 /nm
1	玫瑰红	8.915°	393.51	761.84
2	洋红	37.717°	424.23	706.67
3	大红	45.92°	432.981	692.39
4	金光红	56.692°	444.472	674.49
5	中黄	93.62°	483.861	619.58
6	绿	208.124°	605.999	494.71
7	天蓝	254.704°	655.684	457.22
8	深蓝	273.16°	675.371	443.892

续表

序号	油墨名称	色相	主频率/MMHz	主波长/nm
9	射光蓝	281.333°	684.088	438.236
10	青莲	317.29°	722.442	414.942

上述十种油墨颜色的相位在频率域上的分布如图 4-6 所示，在波长域上的分布如图 4-7 所示。

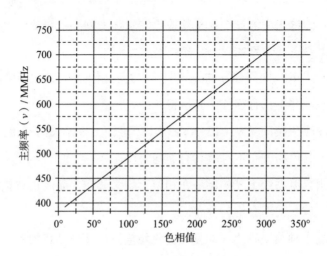

图 4-6　色相在频率域上的分布

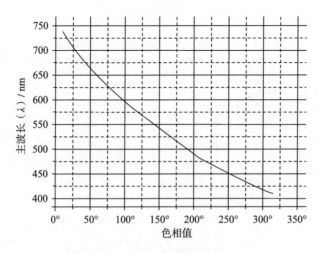

图 4-7　色相在波长域上的分布

　　图4-6和图4-7清楚地表明了频率与波长的变化对相位角度的影响是不同的，反映在色相的均匀性上也是不同的。图 4-6 是等量的频率变化，对应的是等量的色相变化。而在图 4-7 上，如从 650nm 到 750nm，波长域差为 100nm，对应的色相差是 57.7，而从 400nm 到 500nm，波长域差还是 100nm，对应的色相差却增到 140.5，几乎是前者的两倍半。由此可见，色相在波长域分布是不均匀的，在波长较长的红色区域，色相变化较慢，颜色变化的宽容量较大，而在波长较短的蓝色区域，色相变化较快，颜色变化的宽容量较小。

　　如果说把色矢量作为颜色混合变化可计算的一个本征因子，那么复频谱均匀色相环则为色矢量计算提供了一个既方便又可操作的平台。

第5章 复频谱色度测量与计算

第一节　色度测量

　　复频谱数学模型 $Z=re^{i\theta}$ 虽然表达的是颜色的矢量属性，但是该数学模型中的 Z、r 和 θ 与光的性能有着密切的对应关系。Z 是复频谱色矢量，与之对应的是光子出现的概率幅，也就是光波的复振幅。r 是复频谱矢径，是 Z 的绝对值，$|Z|=r$。θ 是复频谱矢径 r 所在的相位，与光的频率对应。复频谱色度测量时用分光光度计测得的数值，对光源来说是相对功率分布，对物体色来说是反射率因数或透射率，它们都处在光的能量层级上。但是在复频谱上记录的不是光的能量，而是色矢量。我们知道，光的能量对应的是光振幅的平方，所以需要将分光光度计测得的数据开平方后作为色矢量记录下来，绘出矢端函数曲线。总之，决定色矢量的是光能量的开方和频率。

　　一个物体在确定的照明下，就会有一个确定的光谱结构，对应确定的光谱就有确定的颜色。而物体的光谱结构和颜色与施照的光源性质有关。例如，一辆蓝色汽车停在马路边上，到了夜晚，在路灯照明下，车身变成黑色了。因为路灯是钠光灯，灯光本身显橙黄色，这个颜色与车身的蓝色是互补色，所以这时车身变成黑色了。这说明施照的光源对物体显色有着决定性作用。

为了对颜色测量具有可操作性和可靠性，国际照明委员会（CIE）推荐几种光源和照明体。在这里有必要对"光源"和"照明体"加以界定。"光源"是指能放射出光线的实体，如电灯及其他各种热辐射灯、太阳等。而"照明体"则是指具有确定的光谱功率分布，一般是对特定的光源进行技术干预，使其具有一定的光谱功率分布。CIE 给出几个用于色度测量的照明体 A、B、C、D。标准照明体 A 一般由 A 光源钨丝灯实现，色温为 2856K。B 和 C 标准照明体则是由 A 光源加滤色器实现，加了滤色器以后，色温分别提高到 4874K 和 6774K。不过这两种照明体已极少使用。标准照明体 D 是模拟日光相对光谱功率分布的照明体，有 D_{55}、D_{65} 和 D_{75}，其相关色温分别为 5503K、6504K 和 7504K。D 光源是现在色度测量中使用较多的一类光源。而正午日光的相关色温大约在 6500K，与 D_{65} 光源比较接近。由于光源相对色温不同，光源显示的颜色也不同，A 光源偏黄，D_{75} 偏蓝，只有 D_{55} 和 D_{65} 光色的色度接近 CIE 色度图的白点。CIE 还建议以等能光源（E 光源）作为理想的光源，使它的色度坐标落在 CIE 色度图的白点处，即坐标点：x_0=0.3333，y_0=0.3333。等能光源，顾名思义，它的相对光谱功率分布在复频谱上所有频率处的相对功率都是相等的，因而在任意色相上的色矢量也是平衡的。这一点特别适合复频谱色度测量与计算。复频谱色度计算首先是进行色矢量平衡的计算，如果光源映射在复频谱上的色矢量是不平衡的，就会给计算带来困难。等能光源映射在复频谱色度图上所有相位其色矢径 r=10，那么它的矢端函数曲线就是一个以 10 为半径的圆周，如图 5-1 所示。

当然这样的光源是无法实现的。但是可以采用一个变通的办法。对于物体色度测量，并不要求施照体在所有频率处光谱相对功率都相等，而是要求施照体照度分布是连续的、稳定的。在标准白板存在下将每一频率处的反射率因数调至 100%，在这种情况下，可认为施照体就相当一个等能光源。这样做的方便之处在于无论是用 A 光源还是用 D 光源测量物体颜色，都可用作分光光度计测色的光源。

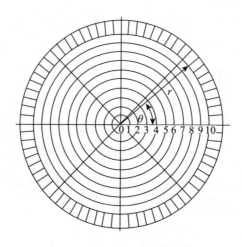

图 5-1　等能光源的矢端函数曲线

第二节　矢端函数曲线与色矢量

　　分光光度计接收的是光，在复频谱色度图上记录的不是色度，而是全频域的矢端函数曲线。从坐标原点作直线与矢端函数曲线上任意一点相交于 θ 相位，那么这条直线就是一个色相为 θ 的色矢量，如图 5-1 所示。

　　复频谱色度计算不需要把可见光分成红、绿、蓝三个原色，它只需要一台分光光度计把每一个频率相对功率分布或反（透）射率以矢端函数曲线的形式记录下来。能量是标量，对其开方，作为该频率对应相位处的一个微色矢量。可见光全频域由无限多个微色矢量端点连续绘出矢端函数曲线，形成一个色矢量系统，有了矢端函数曲线就可以计算出复频谱颜色特征数值。

　　可以把视觉系统看作一个封闭系统，矢端函数曲线是连续的，按照热力学第二定律，系统中无限多的这些微色矢量必然要自发地进行综合平衡。结果那些已平衡的色矢量，虽然矢量之和等于零，但它们的能量并没有消失，平方后转化成能量（白色），成为决定颜色亮度的主要成分，还剩下一个没有被平衡的色矢量平方后与白色一同以色相属性被人眼感知。

　　一般说矢端函数曲线在复频谱上包围的面积越大，它被平衡的色矢量强度也越大，白色越多，亮度也越高。由此可知，矢端函数曲线与中心坐标原点处对称性越差，不平衡的色矢量也越强，色彩的饱和度也越高。具有一定经验以后仅从矢端函数曲线的形状，就可以对这个颜色的亮度、色相做出大致定性的判断。

　　在颜色测量中应用最多的是对物体反射色的测量。由于物体的表面状态差别很大，有光滑的，有粗糙的，有镜面反射，也有漫反射。在这种情况下，CIE 建议用反射率因数表征物体表面的光反射特性。不过反射率因数对照明光源、观测条件都有严格要求，在这里就不一一详述了。下面反射率用符号 $\rho(\theta)$ 表示。设光源的相对光谱功率分布函数为 $s(\theta)$，那么光源映射在复频谱上的色矢量 $r_s(\theta) = \sqrt{s(\theta)}$；设物体的透射率为 $\tau(\theta)$，那么它的透射色矢量 $r_\tau(\theta) = \sqrt{s(\theta)\tau(\theta)}$；设物体的反射率为 $\rho(\theta)$，那么它的反射色矢量 $r_\rho(\theta) = \sqrt{s(\theta)\rho(\theta)}$。颜色测量一般情况下只考虑光源映射在复频谱上相对功率分布的相对值，对于等能光源复频谱颜色测量可设 $s(\theta)=100$，这样色度计算就更为简便。

第三节　矢端函数曲线包围的面积与亮度

　　几十年以来，大家熟悉的表征亮度的单位有两个，一个是辐亮度 L_e，另一个是视亮度 L_v。辐亮度 L_e 的量纲是 w/m²·Sr，每单位面积、单位立体角的辐射功率。辐亮度与人的视觉无关，属物理范畴。而视亮度 L_v 则是用 CIE 的光谱视效率函数 $V(\lambda)$ 对辐亮度 L_e 进行调制的结果。显然，视亮度 L_v 与人的视觉对可见光不同波长的敏感性有关，与光能量大小没有一定的线性关系。

　　复频谱颜色特征数值中的亮度 L 仅仅与辐亮度 L_e 相似，与人的视觉无关，反映在复频谱色度图上仅仅与矢端函数曲线包围面积大小有关，如图 5-2 所示。

　　（1）复频谱矢端曲线包围的面积 A

　　复频谱使用的坐标系矢径 $r(\theta)$ 最大值为 10，即 $r(\theta)=10$，那么等能光源矢端函数曲线包围的面积：

$$A=r^2\pi=100\pi \tag{5-1}$$

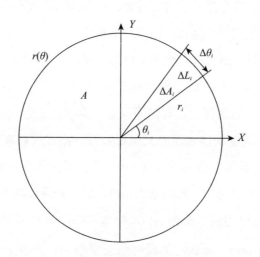

图 5-2　矢端函数曲线 $r(\theta)$ 包围面积 A

图 5-2 中色矢量函数 $r(\theta)$ 的矢端函数曲线在复频谱上包围一个面积 A，若矢径 r 在相位 θ_i 处逆时针转动一个弧度 $\Delta\theta_i$，出现一个三角形面积元 ΔA_i，这个 $\Delta A_i=\dfrac{1}{2}r(\theta_i)\cdot\Delta L_i$，而 $\Delta L_i=\Delta\theta_i\cdot r(\theta_i)$，于是 $\Delta A_i=\dfrac{1}{2}r^2(\theta_i)\cdot\Delta\theta_i$。假设面积 A 是由 N 个这样小三角形面积元加和构成的，且 $i=1\sim N$，那么 $A=\displaystyle\sum_{i=1}^{N}\dfrac{1}{2}r^2(\theta_i)\cdot\Delta\theta_i$，取极限，当 $N\to\infty$ 时：

$$A=\lim_{N\to\infty}\sum_{i=1}^{N}\frac{1}{2}r^2(\theta_i)\cdot\Delta\theta_i=\frac{1}{2}\int_0^{2\pi}r^2(\theta)\mathrm{d}\theta \tag{5-2}$$

（2）亮度 L

图 5-2 中色矢量 $r(\theta)$ 是将分光光度计接收到光的相对功率乘以反射率数值开方后映射在复频谱上的结果。与之对应的是光的概率复振幅。（5-2）式中 $r^2(\theta)\mathrm{d}\theta$ 表征的却是复频谱上的面积元。由此可以判断，复频谱矢端函数曲线包围的面积 A 与分光光度计接收的可见光全频域的相对能量相关。为了方便，我们假定等能光源复频谱的亮度 L 为 100，从（5-1）式即可得到等能光源的亮度

$L = \dfrac{A}{\pi} = 100$，那么复频谱上任意一个颜色的亮度就可表示为：

$$L = \frac{1}{2\pi} \int_0^{2\pi} r^2(\theta) \mathrm{d}\theta \qquad (5\text{-}3)$$

复频谱亮度不用光谱视效率函数 $V(\lambda)$ 调制，因此它对颜色明暗的判断与人的视觉评价存在一定差异，但是它既排除因人而异的主观依赖性，又与人的视觉无关，建立在客观物理评价基础上的唯一性，又何尝不是它的优点。

第四节　隐性色矢量

　　无论是太阳或其他热辐射光源，一般都是连续光谱。在连续光谱光源照明下的物体色，它的复频谱矢端函数曲线也总是连续的，这就是说从坐标原点 0 处向矢端函数曲线上任意一个点作直线，即一个色矢量。光在频域上的分布映射到复频域上是连续的，因此在一个连续的复频谱矢端函数曲线图上有着无限多个色矢量，按照热力学第二定律熵平衡原理，这些色矢量会自发地进行整合平衡。只是这种平衡仅仅是存在于视神经信号处理过程中，人无法感知。人眼感知的是视神经处理的结果，即所看见的颜色。由于色矢量不能被视觉感知，所以它是颜色的隐性属性。然而色矢量是决定颜色属性的本征因子，颜色的合成、平衡等一切变化都是色矢量作用的结果。

第五节　色矢量的平衡与整合

　　我们知道，矢量平衡过程就是矢量相加。在平衡过程中，众多矢量相加，也许大量矢量相加以后，矢量之和等于零，也有可能是越加越小。可是矢端函数曲线包围的面积与光的相对能量相关，矢量之和等于零，并不表示能量之和也等于零。为了在复频谱色矢量整合平衡过程中不至于将任意一对平衡的色矢量丢失，可以将其每一个色矢量分别投影在坐标 X 轴和 Y 轴上，把它分解成两个色矢量。

在 X 轴上又分 X_+ 或 X_-；在 Y 轴上也分 Y_+ 或 Y_-。这样就将复频谱矢端函数曲线上所有色矢量分解成 X_+、X_-、Y_+ 及 Y_- 4 个不同方向的集合色矢量，在同一个方向上的色矢量只能相加，不会丢失。4 个方向的集合色矢量计算如下：

$$X_+ = \int_{3\pi/2}^{\pi/2} r(\theta) \cdot \cos\theta \mathrm{d}\theta \qquad (5\text{-}4)$$

$$X_- = \int_{\pi/2}^{3\pi/2} r(\theta) \cdot \cos\theta \mathrm{d}\theta \qquad (5\text{-}5)$$

$$Y_+ = \int_0^{\pi} r(\theta) \cdot \sin\theta \mathrm{d}\theta \qquad (5\text{-}6)$$

$$Y_- = \int_{\pi}^0 r(\theta) \cdot \sin\theta \mathrm{d}\theta \qquad (5\text{-}7)$$

整合以后产生的 4 个方向的集合色矢量，在复频谱色度图上 X_+ 方向色矢量的相位是 0°，显紫红色；X_- 方向色矢量的相位是 180°，显绿色；Y_+ 方向色矢量的相位是 90°，显黄色；Y_- 方向色矢量的相位是 270°，显蓝色。在这 4 个分色矢量中，X_+ 与 X_- 是一对互补色；Y_+ 与 Y_- 也是一对互补色。在复频谱上，如果两个互补色矢量的绝对值相等，两个色矢量之和为零，可是这两个色矢量各自平方后相加并不等于零，而是与光的能量相关，显白色。一般情况下，绝对值较小的一方从对方色矢量减去一份与自己绝对值相等的色矢量作为平衡色矢量，显白色。对方色矢量剩余的那一部分绝对值小了，但仍是一个色矢量。在 X 轴上，两色矢量平衡以后绝对值较小的定为平衡色矢量，标以 X_{ba}，平衡后剩余的色矢量标以 X_c。在 Y 轴上，两色矢量平衡以后绝对值较小的定为平衡色矢量，标以 Y_{ba}，平衡后剩余的色矢量标以 Y_c。一般情况下，$X_+ + X_- = X_c$；$Y_+ + Y_- = Y_c$。由此，复频谱颜色特征数值中经一次平衡后产生的白色为：

$$W = X_{ba}^2 + Y_{ba}^2 \qquad (5\text{-}8)$$

这里说的是一次平衡，后面还会谈到二次平衡。

（1）色彩强度 C

X 轴和 Y 轴色矢量平衡以后剩下的 X_c 和 Y_c 若均不为零，这两个色矢量还要进一步相加，最终产生一个唯一的色矢量，它的模定义为色彩强度 C，它是复频谱颜色特征数值中一个非常重要的颜色特征数值。作为色矢量人眼虽然无法感知，可是色彩强度平方后显示的色相却是颜色的重要特性被人眼看见了。色彩强度：

$$C = \sqrt{X_C^2 + Y_C^2} \tag{5-9}$$

（2）色相 H

X_c 和 Y_c 都是色矢量，它俩相加是矢量相加，遵循的是正弦定理和平行四边形原理，相加后的色彩强度 C 的色相 H 由下式给出：

$$H = \arcsin\left(Y_C / C\right)，\text{或} H = arctg\left(Y_C / X_C\right) \tag{5-10}$$

复频谱色相数值按逆时针方向取 $0° \sim 360°$，与之对应的是可见光频域 $384 \sim 768\text{MMHz}$，波长域为 $780 \sim 390\text{nm}$，在圆周上频率呈均匀分布。所以色彩强度 C 这个色矢量指向的相位就是它的色相，与色相对应的频率即这个色相的主频率。因为可见光频率与波长也是一一对应的，与主频率对应的波长就是这个色相的主波长。

由于可见光波长大于 700nm 及波长小于 400nm 的光量在人眼里的视见度太低，所以在 CIE-XYZ 色度图上红色与蓝色之间的紫红色无法确定它的主波长，只好借用它的补色的主波长加个负号替代。自然界所有的颜色包括紫红色，在复频谱色度图上都有与之对应的主频率及主波长，表明颜色的色相与光的频率之间有着严格均匀的一一对应关系。

（3）饱和度 S

在人的颜色视觉中，彩色有的浓艳，有的淡薄，这是因为在复频谱中颜色的两大成分——白色及彩色在色彩总量中各自所占的比例不同所致。若彩色占主导，则颜色浓艳；若白色占主导，则颜色淡薄。格拉斯曼所提出的颜色三属性之一颜色的饱和度，实质上就是彩色量在颜色总量中所占的比例的大小。用 $(X_+^2 + X_-^2 + Y_+^2 + Y_-^2)$ 代表颜色总量，若以 S 代表饱和度，则有：

$$S = C^2 / (X_+^2 + X_-^2 + Y_+^2 + Y_-^2) \tag{5-11}$$

当 X_c 和 Y_c 在合成色彩强度 C 的同时，在与矢径 r 的垂直方向产生了两个色矢量，它们大小相等，方向相反，于是又产生了一个二次平衡项 $2C^2 \cdot \cos^2 H \cdot \sin^2 H$ 也变成白色，所以总的白色包括一次平衡白色和二次平衡白色，总白色 $W_{ba} = X_{ba}^2 + Y_{ba}^2 + 2C^2 \cos^2 H \cdot \sin^2 H$。

颜色特征数值色相 H 和色彩强度 C 共同构成颜色的一个色矢量。人们的视知觉看到的是色矢量所处的相位显示的像红、黄、绿、蓝不同色相，及彩色光量在总光量中所含百分比，即饱和度。在复频谱颜色特征性能中，色彩强度 C 属于隐性性能，而矢量人眼是不会感知的。可是，正是这个色矢量对颜色平衡，颜色合成与分解起着决定性的作用。这正是复频谱颜色特征性能十分重要的特点。

有人会问，颜色有色相、亮度和饱和度三个属性。二十世纪初美国人孟塞尔（A. H. Munsell）用三维立体模型展示它们三者之间的关系。而复频谱如何在二维平面上解析出颜色 5 个特征数值：亮度 L、白度 W、色相 H、色彩强度 C 及饱和度 S。要说清楚这个问题，让我们举"法定计量单位"为例。法定计量单位只有长度（m）、时间（s）、质量（kg）、温度（K）、电流（A）、发光强度（cd）及物质的量（mol）7 个基本量的单位，而其他如速度、力、能量、功率等几十个量的单位都是导出单位。基本单位是独立的，而导出单位则是利用基本单位推导出来的。速度的量纲是米每秒（m/s）。复频谱的矢端函数 $r(\theta)$ 是由光映射过来的，光在时域里面的波函数是 $E = E_0 e^{i(\omega t + \alpha)}$，如果不考虑初相位 α，并且把时间 t 定为常量 T 使 $\omega T = \theta$，该式就变成二维的了。复频谱数学模型 $Z = re^{i\theta}$ 中只有与频率对应的相位 θ 和与振幅对应的矢径 r 两个是基本变量。在复频谱矢端函数曲线上包含了无限多个微色矢量，其中任意一个色矢量仅是一条直线，它的相位指向对应光的频率，它的长度对应光的相对功率的开方。在这个二维复平面上只有色矢量 r 与弧度（相位）θ 是基本量，对这些色矢量与微弧度 $\mathrm{d}\theta$ 积分整合以后给出的亮度、白度、饱和度都是在以色矢量中两个基本量条件下的导出量。这就是为什么说复频谱颜色不需要三维立体展示的原因。

综上所述，用分光光度计测量物体的颜色，通过色矢量函数 $r(\theta)$ 就可以在二维平面坐标上解析出颜色特征数值。如图 5-3 所示，天蓝（青）油墨复频谱矢端函数曲线图及颜色特征数值：复频谱色相 H=254.7、复频谱色彩强度 C=6.73、复频谱亮度 L=20.96、复频谱饱和度 S=54.2%。

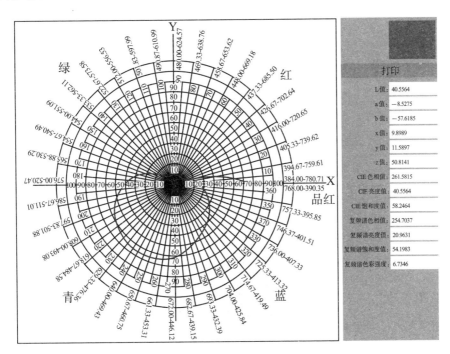

图 5-3　天蓝（天津东洋 TGS429）油墨的复频谱矢端函数曲线图

第六节　复频谱色相图

图 5-4 是用玫瑰红、大红、中黄、绿、天蓝、深蓝 6 种油墨调配出来的复频谱色相图，在二维平面上把全色相域分成 36 份，每相邻两个色块，其色相差大约在 10°。在等亮度、等饱和度的理想条件下，这 36 个色块的色相差才有可比性。但是由于实验条件所限，这些要求暂时还达不到。在这 36 个色块中，黄色亮度最高，蓝色较低；橙红色饱和度最高，绿色较低。即使有这些不足，其色相变化的均匀性还是较好的。特别是从蓝到紫红再到红，色相从 280°到 360°（即 0°）

再到 50°，不仅色相变化的规律性较好，每一个色相都有对应的主频率和主波长，由于相位 $\theta=\omega t=2\pi vT$，证明了颜色最主要的性能色相 $H(\theta)$ 与光的主要性能频率 v 二者之间确实存在着线性关系，也就找到了色相与频率在复平面呈均匀分布的原因与物理内涵。

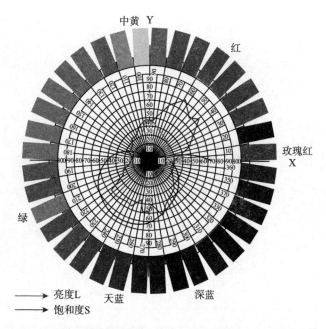

图 5-4　六种颜色油墨调配的复频谱色相图（彩色图参见 159 页）

我们说可见光的频率范围在 384MMHz 到 768MMHz 之间，这并不是说频率低于 384MMHz 和频率高于 768MMHz 的光被眼睛拒之门外。人的眼睛和视觉系统的器官尽管非常巧妙复杂，但它毕竟不是机械。前文提到在 Z 变换的复平面上，以及频率与相位的关系，以可见光来说，若以红端 384MMHz 为基频，相位在 0°，那么，它的一个倍频蓝紫端 768MMHz 的相位转过一周后又回到 0°。红、蓝紫两端频率相差 1 倍，相位却重合在 0°。这正是复频谱分析中 Z 变换与拉普拉斯变换的区别所在。那么频率低于 384MMHz 的电磁波，譬如 370MMHz 它的波长为 810.2nm 同样也可以刺激锥体细胞产生红色信号。由于频率在复频谱色度坐标上是均匀分布的，当它低于基频，那么它的相位从 0°顺时针往下延伸 13.125°，到 346.9°，在蓝色域里添加一点红色显示蓝紫色。而频率高于 768MMHz 的电磁波，譬如它的频率是 789MMHz，波长 380nm，同样也刺激锥体细胞产生蓝色信号。由于它的频率是基频两倍还多，同样道理相位从 0°逆时针往上延伸到 19.7°，在红色域里添加一点蓝色，显红紫色。

当然，这种整数倍频域外的延伸不会是没有限制的。人身机体的自我保护本能，会对红蓝外延的电磁波采取逐渐衰减屏蔽的办法而截止。可见光红、蓝两端作为电磁波在频域里各自向相反方向延伸不可能衔接。但它们映射在复频谱上的相位转过 360°一周后，两端却又重合了。不仅重合，红的频域外延伸到蓝区，蓝的频域外延伸到红区，使得色相的颜色由蓝到紫，再到红紫和红也是连续的。那么在红蓝两端重叠相位为 0°的颜色应该是纯正的紫色了。在这里再一次出现这样的问题：光与色既有相关的联系，又有本质的区别。

第七节　复频谱颜色特征数值

（1）复频谱色相 H

天虹七彩，红、橙、黄、绿、青、蓝、紫，色相是人的视觉中最直观的颜色属性之一。可见光频率在 384MMHz 到 768MMHz 之间，正好是一个倍频，这些频率连续地、均匀地映射在复频谱 2π 相位，亦即 360°上。不同频率的光显示不同的颜色，首尾相连呈环状分布，如图 5-4 所示。借此就以该频率在复频谱上对应的相位（角度）定义为该颜色的色相，符号 H。可见光的频率是均匀、连续变化的，色相在复频谱上的变化也是均匀连续的。虽然有无限多个色相，不过人的视觉受分辨力所限，在正常亮度条件下，能辨别的色相大约为 180 种，也就是说，人的视觉可辨别色相的宽容度大约为 2°。色相的均匀性为下面色矢量计算提供了一个方便良好的基础。

（2）复频谱色彩强度 C

在格拉斯曼颜色三属性里，只有色相、亮度和饱和度，没有色彩强度这个属性。可见光不同频率的复振幅，映射到复频谱上，形成系列相位不同的微色矢量，这些无限多个色矢量经过自发地平衡整合以后，平衡色矢量转化成白色，最后剩下一个色矢量转化成彩色。这个色矢量的模就是色彩强度，符号 C。它与色相 H 共同构成一个色矢量。任何一个彩色都有一个表征该颜色特性的色矢量，也就有一个色彩强度。色彩强度人眼无法感知，所以说它是颜色的隐性特性，也是颜色最重要的本征属性，所有颜色的分解、合成与平衡，都可以用色彩强度与色相的矢量特性进行解析。这正是复频谱颜色理论的核心内容。

（3）复频谱亮度 L

复频谱颜色特性是从光的物理特性映射过来的，与人的心理评价无关。考虑到亮度具有一定的相对性，复频谱亮度仅仅与光的相对能量大小有关。它以理想的等能光源的亮度为 100，以光源照明体的相对功率分布、以物体的反（透）射率在复频谱上矢端函数曲线包围的面积表征该颜色的亮度，符号 L。矢端函数曲线包围的面积大，相对能量高，亮度高；矢端函数曲线包围的面积小，相对能量低，亮度也低。显然，复频谱亮度就其性质与纯物理的辐亮度 L_e 比较接近。

复频谱颜色的本征因子是色矢量，而色矢量是从光的复振幅或者说从光子动量映射过来的。色矢量在复频谱上仅仅是一条直线，而亮度表现的是面积。在光学上振幅的平方对应的是光的相对能量。矢量乘积有两种结果，一个是矢积，乘的结果还是矢量；另一个是标积，乘的结果是标量。标积乘法是两个矢量的模相乘，再乘以两个矢量夹角的余弦。以色矢量标积为例：$|r||r|\cos\theta$。当夹角 θ 为零时，余弦 $\cos\theta=1$，这样色矢量的标积就成为 r^2。（5-2）式中 $r^2(\theta)\cdot\Delta\theta$ 表达的是这个色矢量 r 在弧度 $\Delta\theta$ 处占有的面积，也就是色矢量的标积 r^2 与 $\Delta\theta$ 的乘积。而复频谱亮度 L 是复频谱上所有色矢量标积的积分，对应的面积是光的相对能量。

在物理学上，能量的量纲是 $m^2\cdot kg\cdot s^{-2}$，而光子动量是矢量，动量的量纲是 $m\cdot kg\cdot s^{-1}$，光子的能量 E 等于其动量 P 乘以光速 c 即 $E=P\cdot c$。而在复频谱上光子动量对应的色矢量是一条直线，亮度对应的是面积，两者物理意义不同，对应的量纲不同，这说明复频谱亮度对色矢量来说，它不是独立的，是在二维平面上色矢量的导出结果。

（4）**复频谱饱和度 S**

一个频率的光映射到复频谱上，就是一个微色矢量。复频谱上无限多个微色矢量经过积分整合，一部分平衡的色矢量转化成白色。最后剩下一个色矢量转化成颜色，显彩色。人眼无法把这两种颜色区分开来，而是把彩色与白色"调和"在一起，显示出浓淡不同的颜色。复频谱色度计算既然能够把白色与彩色区分开来，也就可以给饱和度一个定量表示。饱和度即是在复频谱上彩色的量占全部色彩总量的百分比，符号 S，见（5-11）式。饱和度的量值从 0% 到 100%，但是前面已经讲到，在自然界没有真正意义的单色光，也就是没有饱和度 S=100% 的色光。颜色必须有一定亮度才能显示出来，有亮度，在复频谱图上必然占有一定面积，占一定弧度，有一定平衡的色矢量，那它就是一个含有一定白色的颜色，饱和度就不可能是百分之百。颜色有了不同的饱和度，才显得更加丰富多彩。

（5）**复频谱白度 W**

在饱和度定义中把颜色分成白色和彩色两大部分，那么白度就是将复频谱中光的全部相对能量中除去彩色能量以后，剩余的纯白色能量，符号 W。颜色具有两重性，既具有物理属性，又具有心理属性。俗话说"萝卜白菜各有所爱"。对颜色也是这样，有人喜欢白中带黄的暖白色，也有人喜欢白中带蓝的冷白色。这就从心理上很难给白色一个定量描述。

无论是从亮度还是饱和度的观点来说，白度既然是由构成颜色两个成分中白色的那一部分决定的，那么不考虑人的心理因素，从物理观点来说，白度 W 应该是：

$$W=1-S \qquad (5-12)$$

式中　　S——复频谱饱和度。

饱和度 S 的数值是小于 1 的百分比，白度 W 的数值与饱和度 S 之和为 100%。以上即为主要且常用的复频谱颜色特征数值，还包括如前面介绍过的主频率、主波长，以及后面会介绍的平衡效率、合成效率等其他颜色特征数值。

第**6**章 三个基本色色矢量的白平衡

　　不同的色光或色料混合在一起，会产生新的颜色。人们一般把这种混合分为加法混合（additive mixing）和减法混合（subtractive mixing）。色光混合属于加法混合；色料混合则属于减法混合。这两种混合表面看起来有很大不同，其实质既有不同的一面，也有相同的一面。

　　几种色光混合在一起，在复频谱上是这些色光中白色与白色在能量层级上标量相加，白色越多，整体颜色则越加越亮；色矢量与色矢量相加，产生中间色。色光加法混合就是相加，计算比较简单。色料则不同，每种色料对入射光有选择性吸收的性能。把这些色料混合在一起，每种色料都力图从其他色料出射光中吸收掉它该吸收的部分色光。混合的色料越多，吸收的也越多，亮度也越低。但是所有的色料吸收后剩余的色光进入人的视觉系统，仍然是按照色光加色混合的规律显示颜色。因此，从颜色视觉来说，加色混合的规律是基本规律，而色矢量则是揭示加色规律的关键因子。

　　在《颜色测量技术》15 页有这样一段话："大量证据表明，由锥体细胞输出的信号，与被吸收的光量不成正比例，而更近似于其平方根。"我们知道，光的概率振幅的平方正比光的能量。反过来说，光的相对能量的平方根则正比于光的振幅。复频谱分光光度计测量颜色，输入分光光度计的是某个频率的光在能量层级上的相对值。而在复频谱光度图上记录的却是该频率对应相位输入值的平方根，即这个相位的色矢量 $r(\theta_i)$。这里 θ_i 是相位，对应的是光的频率。是不是可以说，光在进入人眼以前仍然是光，而从视网膜锥体细胞输出的则是将光的能量转变为色矢量信号了。

复频谱色度计算原理并不复杂，就是将所有不同相位的色矢量一一相加，集成为四个分色矢量：X_+、X_-、Y_+、Y_-。复频谱所有颜色特征数值色相 H、色彩强度 C、亮度 L、饱和度 S 及白度 W 都是由这四个分色矢量解析推导出来的。这就是复频谱能在二维复平面上推导出颜色一切性能的原因了。

复频谱理论的核心观点是光的复振幅在时域具有动态相矢量的本征特性，映射在复频谱上则变成静态色矢量了。由此可以说由光产生的颜色的一切变化，如颜色合成、颜色分解、颜色平衡，都可以用色矢量进行计算。

1931CIE-RGB 系统标准色度观察者是利用红（R）、绿（G）和蓝（B）三个基本色准单色光，通过实验在人眼视觉中匹配任意一个光谱色所用光量的相对比值称三刺激值。

用 CIE 的 RGB 三个基本色，在匹配光谱色时，真正起作用的不是基本色给出的光量的大小，而是每个基本色映射在复频谱中隐藏在光量中人眼看不见的色矢量的大小。下面把 CIE 所用的 RGB 三个基本色按照它们各自波长所对应的频率投影到复频谱坐标平面上，每一个基本色所处的相位即它的色相 H，如表 6-1 所示。

表 6-1　三基色 RGB 在复频谱色度图上的色相

三基色	波长 /nm	频率 /MMHz	色相	色光来源
红（R）	700.0	428.27	41.507°	在光谱红色区直接分离
绿（G）	546.1	548.97	154.658°	汞原子气体辐射亮线
蓝（B）	435.8	687.91	284.917°	汞原子气体辐射亮线

在两个色矢量之间的夹角固定的情况下，合成中间色色相的位置按照正弦定理取决于两个色矢量模的大小比例。中间色靠近哪个基本色，该基本色模的量就大，另一个就小。这与格拉斯曼中间色规律是一致的。按照矢量合成原理，若想合成出可见光的全部光谱色，则在复频谱上至少应该有三个基本色，且其中任意一个色矢量不能由另外两个色矢量合成出来。三基色 RGB 的复频谱色相图如图 6-1 所示。

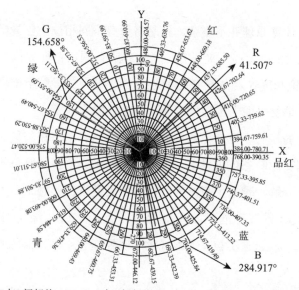

B 与 R 间相差 116.59°，R 与 G 间相差 113.151°，G 与 B 间相差 130.259°

图 6-1　三基色 RGB 复频谱色相图（彩色图参见 160 页）

三个基本色 RGB 两两之间的三个夹角分别是：$\varphi_{rg}=113.151°$，$\varphi_{gb}=130.259°$，$\varphi_{br}=116.59°$。理想情况下，三个夹角应该均等，都为 $120°$，实际上却做不到，不过由于差别不是很大，也不至于给色矢量合成结果带来很大影响。

第一节　三基色、准单色光与色矢量

（1）三基色

过去大家习惯上称 RGB 三个色光为三原色，意思是千千万万种颜色其实都可以用这三种色光调配出来。显然这是受原子分子论的影响。科学实验已经证明，在色光中不存在原色光。CIE 选择 R700nm、G546.1nm、B435.8nm，是因为这三个色光从光谱中比较容易分离出来。莱特在二十世纪二十年代做的色光匹配实验，用的是 R650nm、G530nm、B460nm。吉尔德做的色光匹配实验，用的是 R630nm、G542nm、B460nm，他们使用的色光虽然不同，但是并不影响实验的科学性。按照复频谱色矢量合成的理论，在复平面上，两个色矢量之间的夹角 φ 只要小于 180°，就可以合成其间的任意一个色相。这样，在复频谱上至少需要均匀分布三个色矢量就能合成复频谱上所有的颜色。因此，在本文我们称三基色，不用三原色。

（2）准单色光

有的把三个基本色光称为单色光。所谓单色光是相对复色光来说的，是指在一个连续光谱上，该色光只占有一个频率，它所占的频宽等于零。量子光学早已指出，在热辐射连续光谱中，光子的状态遵守测不准原理，即 $\Delta v \cdot \Delta t = h$，式中 h 为普朗克常数。按照此式，当频率 $\Delta v \to 0$ 时 $\Delta t \to \infty$，反之则相反。这两个数值中任何一个都不可能精确测量。所以实际上我们无法得到真正的 $\Delta v \to 0$ 所谓单色光。而以前所谓的单色光，实际上它的频域宽度 Δv 并不等于零，而是有一定宽度的，如 RGB 三基色光，它们的频域尽管很窄，映射到复频谱上，还是占有一个微弧度 $\Delta \theta$。光学上称这种光为准单色光。

（3）色矢量

不同色光相加不是在能量层级上相加，在复频谱上是它们的色矢量相加。人眼虽然看不见色矢量，我们可以把一个准单色光的相对能量、微弧度及色矢量映射在复频谱图上。前面已经讲过，光的相对能量映射在复频谱图上是以矢端函数曲线包围的面积表示的。

考虑到一个准单色光的频域很窄，光量也很小，映射在复频谱上的微弧度也很小。为了既便于计算，又不致产生较大的误差，把它在复频谱上矢端函数曲线包围的面积看作一个等边锐角三角形，其三基色 RGB 准单色光锐角三角形如图

6-2 所示。这个锐角三角形的面积 ΔA 代表光的相对辐亮度 L_e，底边代表微弧度 $\Delta\theta$，r 代表色矢量，根据 4-2 公式，这三者的关系为：

$$r = \sqrt{2L_e \Big/ \Delta\theta} \qquad\qquad (6\text{-}1)$$

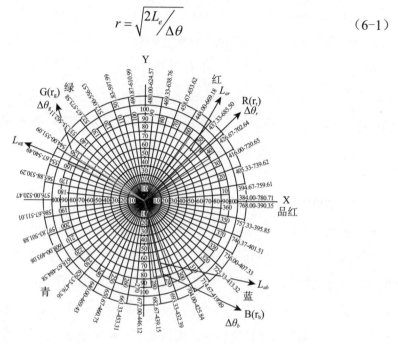

图 6-2 三基色 RGB 准单色光锐角三角形（彩色图参见 160 页）

在这里需要说明，一个准单色光之所以能被人眼看见，不仅因为它有一定的能量，更是因为在这个准单色光里含有一定量的白色。为什么在准单色光里含有白色？这些白色是如何产生的？虽然微弧度 $\Delta\theta$ 很窄，可是它里面众多的色矢量分别处在以 r 为中心均等对称的相位上，这些色矢量在自发地合成中心色矢量 r 时，在色矢量 r 的垂直方向又合成出两个大小相等但是方向相反的分色矢量。很显然，这些分色矢量会自发地互相平衡。平衡后矢量性质消失了，却以平方后的白色的方式被人感知。试想，若准单色光的频域 Δv 越来越窄，它的微弧度 $\Delta\theta$ 也会越来越窄，那么在与中心色矢量 r 垂直方向产生的平衡色矢量也就越来越少，平衡白色也就越来越少。当频域宽度 Δv 趋于零时，微弧度 $\Delta\theta$ 也随之趋于零，白色当然也趋于零。没有白色含量的单色光，仅有一个色矢量 r，这样的单色光人眼是否还能看得见，通过以下设想可以得到答案。

拿一个准单色光，在维持它的辐亮度 L_e 不变的条件下，逐渐调窄它的频宽 Δv，并记下这时的视觉亮度 L_v，显然随着 Δv 变窄，它里面的白色含量也就随之减少，视亮度 L_v 也会随之降低。当 Δv 窄到一定程度时，虽然能量没有变化，L_v 却随之低到连眼睛也看不见了。

第二节　光能量与色矢量

在人的视神经系统里，色矢量是复频谱理论一个非常重要的概念。可见光某一个频率的复振幅，映射在复频谱上与频率对应的相矢量变成色矢量。大家知道，光振幅的平方对应的是光的能量。在复频谱上，恰恰是色矢量的平方再乘以相域产生的面积对应光的相对能量，也是复频谱亮度。面积对应的是能量，而色矢量对应的仅仅是某个频域相位的复振幅。

日光显示白色，是因为它的所有色矢量处于平衡状态。彩色光在复频谱上的矢端函数曲线除了占有一定面积以外，还有一个色矢量，这个色矢量指向的相位即色相，色矢量的模，即色彩强度。

两个不同色光混合产生一个新的中间色，这个中间色处在什么相位，不是由两个色光能量大小决定，而是由两个光能量中隐含的色矢量决定。理解了这个道理，就会明白用三基色 RGB 匹配等能白光为什么三基色的能量并不相等。明白了用 RGB 三刺激值匹配光谱色时为什么总会出现负值。都是因为在上述两个匹配中真正起作用的不是光的能量，而是隐含在其能量中的色矢量，人们看不见色矢量，只是因为它仅仅存在视神经信号处理的过程中。

复频谱分光光度计测色时接收的是可见光在每一个频率处的相对功率或相对透（反）射率，它们都处在能量级。取其开方值作为该频率相位处的色矢量的模并记录下来。将可见光全频域色矢量的矢端连成矢端函数曲线，它包围的面积对应的是光的相对能量。

从以上叙述可知，一个准单色光在复频谱里，主要包含两种成分：一种是色矢量，另一种是平衡白色。色矢量所指的相位决定这个准单色光的颜色，白色则决定它的亮度与饱和度。当两个准单色光相加合成一个目标色时，这两种成分的作用是不同的。两个色矢量相加，遵循的是矢量加法，即正弦定理，合成目标色的色相仅仅由两个色矢量模的大小决定；而白色是标量，标量相加仅是数值相加。两个准单色光中含有的白色只对合成目标色的亮度和饱和度起作用，对目标色的色相不起作用。我们根据这一原理，以 CIE 的 R、G、B 三个准单色光为例，用色矢量合成法合成光谱目标色，见后面"第 7 章　色矢量合成目标色"。

第三节　三刺激值与辐亮度

匹配等能白光所用的 RGB 三基色的视亮度的比例为（R）1.0000 ：（G）4.5907 ：（B）0.0601，它们的辐亮度比例为（R）72.0962 ：（G）1.3791 ：（B）1.0000。辐亮度 L_e 是单位立体角单位面积单位时间上的焦耳，焦耳（J）是能量，在这里匹配等能白光使用的三基色 RGB 的三个能量是不等的。

用人眼视觉匹配光谱目标色记录的三刺激值 $\bar{r}$、$\bar{g}$、$\bar{b}$ 实际上是视亮度值 L_v，而视亮度 L_v 是用 CIE 明视觉光谱视效率函数 $V(\lambda)$ 对辐亮度 L_e 进行调制的结果。复频谱色度计算是以光的物理特性为基础，在图 6-2 中，锐角三角形的面积对应的是相对光能量，只能用辐亮度代表。而视亮度 $L_v = L_e \cdot V(\lambda)$，所以辐亮度 $L_e = L_v/V(\lambda)$。在这里用三刺激值代替视亮度 L_v，例如：$L_{er} = \bar{r}/V(\lambda)$，$L_{eg} = \bar{g}/V(\lambda)$ 及 $L_{eb} = \bar{b}/V(\lambda)$。这样就可以用光谱视效率函数 $V(\lambda)$ 和三刺激值 $\bar{r}$、$\bar{g}$、$\bar{b}$ 计算出它的辐亮度 L_{er}、L_{eg}、L_{eb} 了。

通过查 CIE1931 标准色度观察者数据表，可知不同波长对应的三刺激值 $\bar{r}$、$\bar{g}$、$\bar{b}$ 及 $V(\lambda)$，即可求出 L_e 值，如表 6-2 所示。欲求色矢量还要设定相应的微弧度 $\Delta\theta$，应用（6-1）式就可以从中计算出三刺激值中的色矢量 r_r、r_g、r_b，这是颜色合成、颜色平衡的必要条件。

表6-2　不同波长三刺激值$\vec{r}$、$\vec{g}$、$\vec{b}$及$V(\lambda)$值

主波长/nm	相位	$V(\lambda)$	$\vec{r}(\lambda)$	L_{er}	$\vec{g}(\lambda)$	L_{eg}	$\vec{b}(\lambda)$	L_{eb}
680	53.316°	0.017	0.01687	0.9924	0.00003	0.001765	—	—
610	100.76°	0.503	0.33971	0.6754	0.3557	0.07072	—	—
550	151.009°	0.995	0.02279	0.022905	0.21178	0.212844	—	—
530	170.292°	0.862	—	—	0.20317	0.2357	0.00549	0.00637
480	225.53°	0.139	—	—	0.03914	0.2816	0.14494	1.043
440	278.76°	0.023	—	—	0.00149	0.06478	0.31228	13.58
430	293.62°	0.0116	0.00218	0.188	—	—	0.24769	21.35
410	325.50°	0.0012	0.00084	0.70	—	—	0.03707	30.89
390	360.65°	0.00012	0.0001	0.833	—	—	0.00359	29.92

表中有关原始数据$V(\lambda)$、$\vec{r}(\lambda)$、$\vec{g}(\lambda)$、$\vec{b}(\lambda)$取自《色度学》1979年版第303页"附表1 CIE1931标准色度观察者数据"。

第四节　三基色色矢量的白平衡

复频谱理论认为，能量是标量，三个准单色光相加后呈现的白平衡，并不是在能量层级上实现的平衡，而是由三个准单色光隐含的色矢量r相加实现的平衡。当三个色矢量相加之和等于零时，色矢量的矢量性质消失了，但是矢量平方的能量性质依然存在，这些能量以白色形式表现出来了，这就是所谓的白平衡。

三基色中红准单色光700nm，它的视亮度$L_V=0.0041$，刺激值$\vec{r}_r(\lambda)=0.0041$，那么它的相对辐亮度$L_{er}=\vec{r}_r(\lambda)\Big/V(\lambda)=0.0041\Big/0.0041=1$。从这里便可以进一步计算出红准单色光的色矢量$r_r$。从（6-1）式中知道，欲求色矢量$r_r$，还需要知道它的微弧度$\Delta\theta_r$。在复频谱上，若已知某准单色光的波长，则它的$\Delta\lambda$与$\Delta\theta$可以互相换算。

设 c 为光速，λ 为波长，ν 为频率，有 $c=\nu\cdot\lambda$，在光速一定的条件下，频率与波长成反比关系。由此就可以从已知微弧度 $\Delta\theta$ 算出对应的微窄波宽 $\Delta\lambda$；反之也可以从已知微窄波宽 $\Delta\lambda$ 算出对应的微弧度 $\Delta\theta$。算式如下：

$$\Delta\lambda = \Delta\theta \cdot \frac{\nu_0}{2\pi} \cdot \frac{\lambda^2}{c} \qquad (6\text{-}2)$$

$$\Delta\theta = \Delta\lambda \cdot \frac{2\pi}{\nu_0} \cdot \frac{c}{\lambda^2} \qquad (6\text{-}3)$$

式中　　c=299792×10^{12}nm/s；

　　　　ν_0=384MMHz，为复频谱基频；

　　λ 是三基色波长，其中 λ_r=700nm，λ_g=546.1nm，λ_b=435.8nm；

　　计算结果：$\Delta\lambda_r = \Delta\theta\times99.8912$nm，$\Delta\lambda_g = \Delta\theta\times60.7961$nm，$\Delta\lambda_b = \Delta\theta\times38.7174$nm。

　　假定红准单色光 $\Delta\lambda_r=2$nm，由此，$\Delta\theta_r=0.02$，这样 700nm 红准单色光的色矢量 $r_r = \sqrt{\dfrac{2L_{er}}{\Delta\theta_r}} = \sqrt{\dfrac{2\times1}{0.02}} = 10$。三基色色矢量在复频谱图上的相位是固定的，正如图 6-1 所示。现在知道了 r_r，那么它们三个色矢量平衡时另外两个色矢量 r_g 和 r_b 是可以计算出来的。

　　以准单色光红光的相对辐亮度 L'_{er}=1，按照前面给出的它们三者辐亮度相对比例，绿准单色光的相对辐亮度 $L'_{eg} = \dfrac{1.3791}{72.0962} = 0.0191286$；蓝准单色光的相对辐亮度 $L'_{eb} = \dfrac{1}{72.0962} = 0.0138704$。有了这些数值，就可以进一步计算出三个色矢量平衡时另外两个色矢量 r_g 和 r_b 的数值了。三基色 RGB 色矢量合成图如图 6-3 所示，在 r_r 的反方向作与 r_r 大小相等的色矢量 r_p，以 r_p 为对角线作出 r_g 与 r_b 的大小与 r_r 构成了三个色矢量平衡的矢量图。实际上是绿色矢量 r_g 与蓝色矢量 r_b 共同合成一个色矢量 r_p，这个 r_p 与红色矢量 r_r 大小相等，但方向相反，从而实现了三基色的色矢量白平衡。

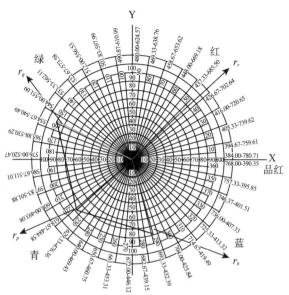

r_g 与 r_p 间夹角为 α，r_p 与 r_b 间夹角为 β，r_g 与 r_b 间夹角为 φ_{gb}

图 6-3　三基色 RGB 色矢量白平衡（彩色图参见 161 页）

在图 6-3 中，r_g 与 r_b 的夹角 φ_{gb}=130.259°，r_p 与 r_g 夹角 α=66.849°，r_p 与 r_b 的夹角 β=63.41°。已知 r_r 的色相 H_r=41.507°，那么 r_p 的色相为：

$$H_p=41.507°+180°=221.507° \tag{6-4}$$

根据图形，按照正弦定理，有 $\dfrac{r_b}{\sin\alpha}=\dfrac{r_p}{\sin\varphi}$，则

$$r_b=\frac{\sin\alpha\cdot r_p}{\sin\varphi}=\frac{0.919472\times10}{0.763131}=12.0487 \tag{6-5}$$

同样，因为 $\dfrac{r_g}{\sin\beta}=\dfrac{r_p}{\sin\varphi}$，则

$$r_g=\frac{\sin\beta\cdot r_p}{\sin\varphi}=\frac{0.894232\times10}{0.763131}=11.7191 \tag{6-6}$$

三个准单色光的色矢量的模已经算出来了，对应的三个相对辐亮度 L'_{er}、L'_{eg} 及 L'_{eb} 也有了。现在便可以利用（6-1）式算出对应的微弧度 $\Delta\theta$ 了。准单色光红的微弧度 $\Delta\theta_r$=0.02，是预先设定的，绿微弧度 $\Delta\theta_g$ 及蓝微弧度 $\Delta\theta_b$ 如下所示：

$$\Delta\theta_g = \frac{2L'_{eg}}{r_g^2} = \frac{2\times 0.0191286}{11.7191^2} = 0.000281,$$

$$\Delta\theta_b = \frac{2L'_{eb}}{r_b^2} = \frac{2\times 0.0138704}{12.0487^2} = 0.000191。$$

应用（6-2）式便可以将上述 $\Delta\theta$ 换算成 $\Delta\lambda$，经计算三个准单色光微窄波长域 $\Delta\lambda_r$=2.0nm，$\Delta\lambda_g$=0.017nm，$\Delta\lambda_b$=0.0074nm，在此条件下，当三个准单色光的相对辐亮度之比为（R）72.0962 ：（G）1.3791 ：（B）1.0000 时，三个色光相加便达到白平衡。三个色矢量之和为零是白平衡的必要条件，可是在平衡时三者的辐亮度在能量层面上为什么不等，而且红光能量与蓝光能量之比相差那么悬殊呢？这里面的主要原因在于绿准单色光与蓝准单色光取自汞原子光谱上两个亮度很高的线光谱，由于亮度高，能量集中，所以只需取波长域上很窄一点就可以了。而红准单色光是从连续光谱上取出的，由于它的单位波长域上相对能量较低，亮度也较低，色矢量的模也较小，欲获得与绿准单色光及蓝准单色光大小相当的色矢量的模，就得放宽微窄波长域，而波长域放宽了，所含光能量自然也就增加了。总之，三个准单色光相加的白平衡，不是在能量层级上的平衡，而是在其能量中隐含的三个色矢量之间的平衡。而色矢量模的大小不仅取决于其能量（辐亮度 L_e）大小，还取决于其微弧度 $\Delta\theta$ 的大小。当色矢量模 r 的值一定时，提高辐亮度 L_e 的值，就必须相应提高微弧度 $\Delta\theta$ 的值。这种关系在 RGB 三基色白平衡的计算中体现出来了。

弧度与频率的关系：$\dfrac{384\text{MMHz}}{2\pi} = 61.1155\text{MMHz}/1\text{rad}$ （6-7）

弧度与角度的关系：$\dfrac{360°}{2\pi} = 57.2958°/1\text{rad}$ （6-8）

若已知微弧度 $\Delta\theta$，从以上关系就可以计算出对应的微频宽 ΔV 与微角度 $\Delta(°)$。

第**7**章 色矢量合成目标色

如前所述，把 RGB 三刺激值 $\bar{r}(\lambda)$、$\bar{g}(\lambda)$、$\bar{b}(\lambda)$ 变成相应的辐亮度 L_{er}、L_{eg} 和 L_{eb}，但是根据公式（6-1），欲从辐亮度 L_e 求出色矢量 r，还需要给出微弧度 $\Delta\theta$ 的值。只是 CIE 没有给出这个值。好在色光匹配只是要求匹配出目标色的主波长，映射在复频谱上的色相 H，在三基色色相位置固定不变的条件下，两个基本色的色矢量合成一个目标中间色的色相，它要求的仅仅是两个色矢量模的相对比值，而不要求其绝对值是多大。这样我们就可以在（6-1）式中给微弧度 $\Delta\theta$ 设定一个恰当的值，从而计算出它的色矢量 r，进而用色矢量相加的平行四边形原理及正弦定理计算出合成目标色的色相 H，色相确定了，它的主波长也随之确定了。

举例说明合成不同主波长目标色的方法

三基色 RGB 将复频谱分成三个色域：RG 色域、GB 色域和 BR 色域，如图 6-2 所示。下面将以色相由低至高的顺序在每个色域里选三个主波长作为目标色，用三刺激值里色矢量相加的方法给出目标色的主波长。

例 1. 设目标色主波长为 680nm。求解合成该目标色的两个色矢量的模各是多少。

解：

第一步，由已知波长 λ 换算出复频谱色相 H，设光速 c=299792×10¹²nm·s⁻¹，λ=680nm，则色相

$$H=\left(\frac{299792}{680}-384\right)\times\frac{360^{\circ}}{384}=53.316^{\circ} \tag{7-1}$$

显然，它位于 RG 色域，应该用 R 色矢量 r_r 与 G 色矢量 r_g 相加合成（以下文字中色矢量的模均简称色矢量）。

第二步，在复频谱上作色矢量 r_r 和 r_g 合成主波长为 680nm 的目标色示意图，如图 7-1 所示。从原点作 53.316° 方向直线，指向目标色色相方向。以该直线 r_p 为对角线，以色矢量 r_r 和 r_g 为两边，作平行四边形，那么 r_r 与 r_g 即合成目标色的两个色矢量。

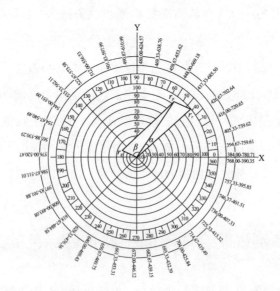

图 7-1　色矢量 r_r 和 r_g 合成主波长为 680nm 目标色示意图

第三步，查该目标色波长处 $V(\lambda)$=0.017，三刺激值分别为 $\bar{r}(\lambda)$=0.01687，$\bar{g}(\lambda)$=0.00003，由此它们的辐亮度分别为：

$$L_{er} = \frac{\vec{r}(\lambda)}{V(\lambda)} = \frac{0.01687}{0.017} = 0.99235 \qquad (7\text{-}2)$$

$$L_{eg} = \frac{\vec{g}(\lambda)}{V(\lambda)} = \frac{0.00003}{0.017} = 0.0017647 \qquad (7\text{-}3)$$

已知三基色矢量 r_r 与 r_g 的夹角 $\varphi=113.151°$，那么 r_p 与 r_r 的夹角 $\alpha=11.809°$，r_p 与 r_g 的夹角 $\beta=101.342°$，如图 7-1 所示，于是 $\sin\varphi=0.919472$，$\cos\varphi=-0.393156$，$\mathrm{tg}\,\alpha=0.29075$。

按照正弦定理，$\dfrac{r_r}{\sin\beta} = \dfrac{r_g}{\sin\alpha}$，$r_r\cdot\sin\alpha = r_g\cdot\sin\beta$，而 $\beta=\varphi-\alpha$，所以 $\sin\beta = \sin(\varphi-\alpha)=\sin\varphi\cos\alpha - \cos\varphi\sin\alpha$，代入上式，得

$r_r\cdot\sin\alpha = r_g\cdot(\sin\varphi\cos\alpha - \cos\varphi\sin\alpha)=r_g\cdot\sin\varphi\cos\alpha - r_g\cdot\cos\varphi\sin\alpha$，方程两边同除以 $\cos\alpha$，得 $r_r\cdot\mathrm{tg}\,\alpha = r_g\cdot\sin\varphi - r_g\cdot\cos\varphi\,\mathrm{tg}\,\alpha$，那么

$$r_g = \frac{r_r\cdot\mathrm{tg}\,\alpha}{\sin\varphi - \mathrm{tg}\,\alpha\cdot\cos\varphi} \qquad (7\text{-}4)$$

假定 $\Delta\theta_r=0.02$，由（6-1）式 $r_r = \sqrt{\dfrac{2\times L_{er}}{\Delta\theta_r}} = \sqrt{\dfrac{2\times0.99235}{0.02}} = 9.962$，代入（7-4）式，得到

$$r_g = \frac{r_r\cdot\mathrm{tg}\,\alpha}{\sin\varphi - \mathrm{tg}\,\alpha\cdot\cos\varphi} = \frac{9.962\times0.209075}{0.919472 - 0.209075\times(-0.393156)} = 2.0793$$
$$(7\text{-}5)$$

那么 r_g 的微弧度

$$\Delta\theta_g = {2\times L_{eg}}\Big/{r_g^2} = {2\times0.0017647}\Big/{2.0793^2} = 0.000816 \qquad (7\text{-}6)$$

利用（6-2）式，它们的微窄波长域：$\Delta\lambda_r=1.99\mathrm{nm}$，$\Delta\lambda_g=0.05\mathrm{nm}$。

若预先设定 $\Delta\lambda_r=1.99\mathrm{nm}$，通过计算得到 R 的色矢量 $r_r=9.962$，G 的色矢量 $r_g=2.0793$，由它俩合成的目标色 r_p 的色相 $H_p=53.316°$，对应波长为 680nm。

例 2. 设目标色主波长为 610nm。求解合成该目标色的两个色矢量模各是多少。

解：参照例 1 解题步骤，不过，文字叙述从简，以下各题都照此例从简。目标色在复频谱上的色相为 $H=100.746°$，位于 RG 色域，应该用 R 色矢量 r_r 和 G

色矢量 r_g 相加合成。色矢量 r_r 与 r_g 合成主波长为 610nm 目标色 r_p 的示意图如图7-2所示。

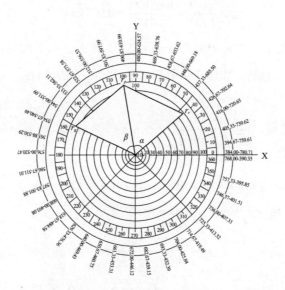

图7-2　色矢量 r_r 与 r_g 合成主波长为 610nm 目标色的示意图

已知两色矢量夹角 φ=113.151°，α=59.239°，β=53.912°，$\sin \varphi$=0.919472，$\cos \varphi$=-0.393156，$\mathrm{tg}\,\alpha$=1.68115。三刺激值 $\vec{r}(\lambda)=0.33971$，$\vec{g}(\lambda)=0.03557$，$V(\lambda)$=0.503，那么

$$L_{er} = \frac{\vec{r}(\lambda)}{V(\lambda)} = \frac{0.33971}{0.503} = 0.67537 \tag{7-7}$$

$$L_{eg} = \frac{\vec{g}(\lambda)}{V(\lambda)} = \frac{0.03557}{0.503} = 0.0707157 \tag{7-8}$$

假定 $\Delta\theta_r$=0.02，那么色矢量 r_r 为：

$$r_r = \sqrt{\frac{2Le_r}{\Delta\theta_r}} = \sqrt{\frac{2 \times 0.67537}{0.02}} = 8.2181 \tag{7-9}$$

代入（7-4）式，得

$$r_g = \frac{r_r \cdot \mathrm{tg}\,\alpha}{\sin \varphi - \mathrm{tg}\,\alpha \cdot \cos \varphi} = \frac{8.2181 \times 1.680115}{0.919472 - 1.680115 \times (-0.393156)} = 8.73872 \tag{7-10}$$

由此

$$\Delta\theta_g = \frac{2L_{eg}}{r_g^2} = \frac{2\times 0.0707157}{8.73872^2} = 0.00185 \qquad (7\text{-}11)$$

利用（6-2）式，有 $\Delta\lambda_r$=1.99nm，$\Delta\lambda_g$=0.113nm。

若预先设定 $\Delta\lambda_r$=1.99nm，通过计算得到 R 的色矢量 r_r=8.2181，G 的色矢量 r_g=8.73872，由它们俩合成的目标色矢量 r_p 的色相 H_p=100.746°，对应波长为 610nm。

例 3. 设目标色主波长为 550nm。求解合成该目标色的两个色矢量的模各是多少。

解：目标色在复频谱上的色相 H_p=151.009°，位于 RG 色域，应该用 R 色矢量 r_r 和 G 色矢量 r_g 相加合成。色矢量 r_r 与 r_g 合成主波长为 550nm 目标色 r_p 的示意图如图 7-3 所示。

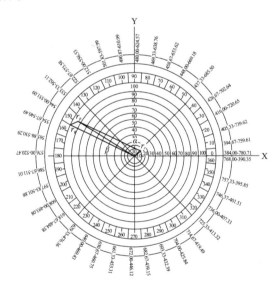

图 7-3　色矢量 r_r 与 r_g 合成主波长为 550nm 目标色的示意图

已知两色矢量夹角 φ=113.151°，α=109.502°，β=3.649°，$\sin\varphi$=0.919472，$\cos\varphi$=-0.393156，$\operatorname{tg}\alpha$=-2.82360。三刺激值 $\bar{r}(\lambda)=0.02279$，$\bar{g}(\lambda)=0.21178$，$V(\lambda)$=0.995，

那么，按照上述两例题计算步骤与方法：

L_{er}= 0.022905，L_{eg}=0.212844，假定 $\Delta\theta_r$=0.01，那么 r_r=2.14032，由此，r_g= 31.7002，

$\Delta\theta_g$=0.00424。则有：$\Delta\lambda_r$=1nm，$\Delta\lambda_r$=0.26nm。

若设定 $\Delta\lambda_r$=1nm，通过计算得到 R 的色矢量 r_r=2.14032，G 的色矢量 r_g=31.7002，由它俩合成目标色的色矢量 r_p 的色相 H_p=151.009°，波长为550nm。

例4. 设目标色主波长为530nm。求解合成该目标色的两个色矢量的模各是多少。

解：目标色在复频谱上的色相 H_p=170.292°，位于 GB 色域，应该用 G 的色矢量 r_g 和 B 的色矢量 r_b 相加合成。色矢量 r_g 与 r_b 合成主波长为 530nm 目标色的示意图如图 7-4 所示。

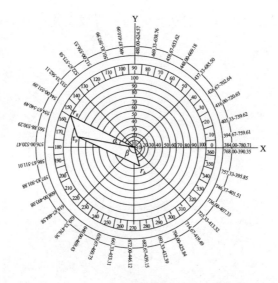

图7-4　色矢量 r_g 与 r_b 合成主波长为530nm目标色的示意图

已知两色矢量夹角 φ=130.26°，α=15.6344°，β=114.625°，tg α=0.279845，sin φ=0.763131，cos φ=-0.646244，三刺激值 $\vec{g}(\lambda)=0.20317$，$\vec{b}(\lambda)=0.00549$，$V(\lambda)$=0.862，那么：

L_{eg}=0.235696，L_{eb}=0.0063691；假定 $\Delta\theta_g$=0.002，于是：r_g=15.3524，r_b=4.55126，由此，$\Delta\theta_b$=0.000615。则有：$\Delta\lambda_g$=0.12nm，$\Delta\lambda_b$=0.025nm。

若设定 $\Delta\lambda_g$=0.12nm，通过计算得到 G 的色矢量 r_g=15.3524，B 的色矢量 r_b=4.55126，由它俩合成目标色 P 的色矢量 r_p 的色相 H_p=170.292°，对应波长为530nm。

例 5. 设目标色主波长为 480nm，求解合成该目标色的两个色矢量的模各是多少。

解：目标色在复频谱上的色相 H_p=225.531°，位于 GB 色域，应该用 G 的色矢量 r_g 和 B 的色矢量 r_b 相加合成。色矢量 r_g 与 r_b 合成主波长为 480nm 目标色的示意图如图 7-5 所示。

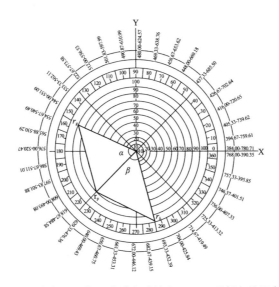

图 7-5 色矢量 r_g 与 r_b 合成主波长为 480nm 目标色的示意图

已知三刺激值 $\bar{g}(\lambda)$ = 0.03914，$\bar{b}(\lambda)$ = 0.14494，$V(\lambda)$=0.139，两色矢量夹角 φ=130.259°，α=70.873°，β=59.386°，sin φ=0.763131，cos φ=−0.646244，tg α=2.88343。那么：

L_{eg}=0.281583，L_{eb}=1.04273，假定 $\Delta\theta_g$=0.0075，于是：r_g=8.66538，r_b=9.5131，则 $\Delta\theta_b$=0.023，$\Delta\lambda_g$=0.456nm，$\Delta\lambda_b$=0.892nm。

若设定 $\Delta\lambda_g$=0.456nm，通过计算得到 G 的色矢量 r_g=8.66538，B 的色矢量 r_b=9.5131，由它俩合成的目标色 r_p 的色相 H_p=225.531°，位于 GB 色域，波长为 480nm。

例 6. 设目标色主波长为 440nm，求解合成该目标色的两个色矢量的模各是多少。

解：目标色在复频谱上的色相 H_p=278.76°，位于 GB 色域，应该用 G 的色

矢量 r_g 和 B 的色矢量 r_b 相加合成。色矢量 r_g 与 r_b 合成主波长为 440nm 目标色的示意图如图 7-6 所示。

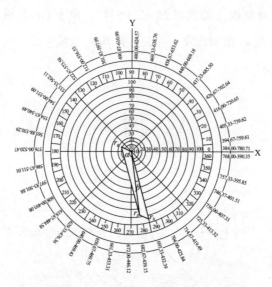

图 7-6 色矢量 r_g 与 r_b 合成主波长为 440nm 目标色的示意图

已知两色矢量夹角 φ=130.259°，α=124.103°，β=6.156°，sin φ=0.763131，cos φ=-0.646244，tg α=-1.47683。三刺激值：$\vec{g}(\lambda)=0.00149$，$\vec{b}(\lambda)=0.31228$，$V(\lambda)$=0.023。假定 $\Delta\theta_g$=0.008，那么：

L_{eg}=0.0647826，L_{eb}=13.5774，则：r_g=4.02438，r_b=30.8583，由此，$\Delta\theta_b$=0.031，那么 $\Delta\lambda_g$=0.486nm，$\Delta\lambda_b$=1.2nm。

若设定 $\Delta\lambda_g$=0.486nm，通过计算得到 G 的色矢量 r_g=4.02438，B 的色矢量 r_b=30.8583，由它俩合成的目标色 r_p 的色相 H_p=278.76°，波长为 440nm。

例 7. 设目标色主波长为 430nm，求解合成该目标色的两个色矢量的模各是多少。

解：目标色在复频谱上的色相 H_p=293.616°，位于 BR 色域，应该用 B 的色矢量 r_b 与 R 的色矢量 r_r 相加合成。色矢量 r_b 与 r_r 合成主波长为 430nm 目标色的示意图如图 7-7 所示。

已知两色矢量的夹角 φ=116.59°，α=8.6993°，β=107.86°，sinφ=0.894232，cosφ=0.447603，tgα=0.153009。三刺激值：$\vec{b}(\lambda)=0.24769$，$\vec{r}(\lambda)=0.00218$，$V(\lambda)$=0.0116。

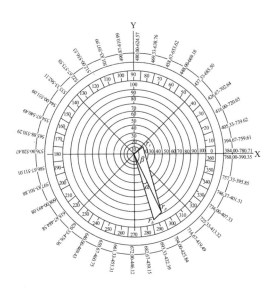

图 7-7   色矢量 r_b 与 r_r 合成主波长为 430nm 目标色的示意图

此时假定 $\Delta\theta_b$=0.05，通过计算得到 $\Delta\lambda_b$=1.94nm，则有：

B 的色矢量 r_b=29.2251，R 的色矢量 r_r=4.64486，由它俩合成的目标色 r_p 的色相 H_p=293.616°，波长为 430nm。

例 8. 设目标色的主波长为 410nm，求解合成该目标色的两个色矢量的模各是多少。

解：目标色在复频谱上的色相 H_p=325.5°，位于 BR 色域，应该用 B 的色矢量 r_b 与 R 的色矢量 r_r 相加合成。色矢量 r_b 与 r_r 合成主波长为 410nm 目标色的示意图如图 7-8 所示。

已知两色矢量的夹角 φ=116.6°，α=40.583°，β=76.007°，$\sin\varphi$=0.894232，$\cos\varphi$=-0.447603，tg α=0.856589。三刺激值：$\vec{b}(\lambda)=0.03707$，$\vec{r}(\lambda)=0.00084$，$V(\lambda)$=0.0012，

假定 $\Delta\theta_b$=0.05，通过计算得到 $\Delta\lambda_b$=1.94nm，$\Delta\lambda_r$=0.25nm。

若设定 $\Delta\lambda_b$=1.94nm，通过计算得到 B 的色矢量 r_b=35.1551，R 的色矢量 r_r=23.5696，由它俩合成的目标色 r_p 的色相 H_p=325.5°，波长为 410nm。

例 9. 设目标色的主波长为 390nm，求解合成该目标色的两个色矢量的模各是多少。

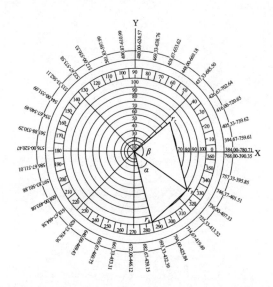

图7-8　色矢量 r_b 与 r_r 合成主波长为410nm目标色的示意图

解：目标色在复频谱上的色相 H_p=360.65°，位于 BR 色域，应该用 B 的色矢量 r_b 与 R 的色矢量 r_r 相加合成。色矢量 r_b 与 r_r 合成主波长为390nm，目标色的示意图如图 7-9 所示。

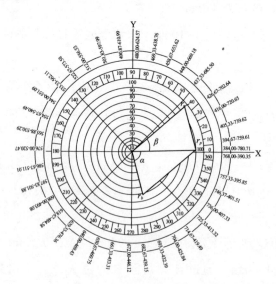

图7-9　色矢量 r_b 与 r_r 合成主波长为390nm目标色的示意图

已知两色矢量的夹角 φ=116.6°，α=75.737°，β=40.852°，$\sin \varphi$=0.894232，$\cos \varphi$=-0.447603，$tg \alpha$=3.93377°。三刺激值：$\vec{b}(\lambda)$ = 0.00359，$\vec{r}(\lambda)$ = 0.00010，

$V(\lambda)=0.00012$，那么，当假定 $\Delta\theta_b=0.05$ 时，计算出 $\Delta\lambda_b=1.94$nm。

若设定 $\Delta\lambda_b=1.94$nm，通过计算得到 B 的色矢量 $r_b=34.5929$，R 的色矢量 $r_r=51.2544$，由它俩合成的目标色 r_p 的色相 $H_p=360.65°$，波长为 390nm。

这个目标色的色相正确的表示应该是 0.65°。有意思的是它与波长 780nm 的相位 0.33°几乎是重叠。因为波长 390nm 的频率正好是 780nm 的频率的一个倍频，所以在复频谱上两个相位是重叠的。这也表明，复频谱色谱与光谱的区别，复频谱色谱的排列是在复平面上环状首尾重合，而光谱则是首尾各处一端。这也再一次表明光与色既有联系，又有区别。

以上合成目标色的 9 个例题，在 R、G、B 每个色域中各占 3 例，其统计数据如表 7-1 所示。在每个色域的 3 个例题中，2 个例题目标色分别靠近两个基本色中的一个基本色，1 个例题居中。这样安排目的是从中看出由于目标色在两个基本色中间相位不同，致使基本色的两个色矢量模的比值也随之发生此消彼长的变化，这种变化与格拉斯曼中间色定律是一致的。

表 7-1 九个例题中色矢量合成目标色有关数据

波长/nm	色域	相位	α	β	$\vec{r}(\lambda)$	$\vec{g}(\lambda)$	$\vec{b}(\lambda)$	$V(\lambda)$	$\Delta\theta_1^*$	$\Delta\theta_2^*$	r_1^*	r_2^*
680	RG	53.3°	11.80°	101.3°	0.016	0.000	—	0.017	0.02	0.000816	9.96	2.08
610	RG	100.7°	59.24°	53.91°	0.34	0.356	—	0.053	0.02	0.001	8.22	8.74
550	RG	151.0°	109.5°	3.647°	0.023	0.212	—	0.995	0.01	0.004	2.14	31.7
530	GB	170.3°	15.63°	114.6°	—	0.203	0.005	0.862	0.002	0.000615	15.4	4.55
480	GB	255.5°	70.87°	59.39°	—	0.039	0.145	0.139	0.0075	0.023	8.67	9.51
440	GB	278.8°	123.8°	6.487°	—	0.001	0.312	0.023	0.008	0.031	4.02	29.6
430	BR	293.6°	8.699°	107.9°	0.00218	—	0.248	0.0116	0.05	0.017	29.23	4.645
410	BR	325.5°	40.58°	76.00°	0.00084	—	0.037	0.0012	0.05	0.004	35.2	23.6
390	BR	360.7°	75.74°	40.85°	0.0001	—	0.004	0.00012	0.05	0.00064	34.6	51.3

注：

* 表 7-1 中每个波长所在色域的微弧度 $\Delta\theta$ 和色矢量 r 都有两个值，用下标数字"1""2"加以区别。以该色域两个基本色中低色相者标以"1"，高色相者标以"2"。

以上 9 个例题分别给出 r_1 与 r_2 两个色矢量，由于解题时预先设定的微弧度 $\Delta\theta$ 不是定值，具有一定的随意性，所以计算出来的两个色矢量 r_1 与 r_2 仅仅是相对值。但是只要目标色的相位是确定的，它俩的比值也是确定的，其数据只要满足三角函数中的正弦定理 $r_1 \cdot \sin\alpha = r_2 \cdot \sin\beta$ 就可以认为计算的结果是可以接受的，用正弦定理验证色矢量合成结果数据表如表 7-2 所示。

表 7-2　用正弦定理验证色矢量合成结果数据表

波长/nm	相位	α	$\sin\alpha$	r_1	β	$\sin\beta$	r_2	$r_1 \cdot \sin\alpha$	$r_2 \cdot \sin\beta$
680	53.316°	11.809°	0.20465	9.962	101.342°	0.98047	2.0793	2.0387	2.0387
610	100.746°	59.239°	0.85932	8.2181	53.912°	0.80811	8.73877	7.0619	7.0619
550	151.009°	109.502°	0.94264	2.14033	3.647°	0.06346	31.7002	2.01756	2.01642
530	180.292°	15.634°	0.26949	15.3524	114.625°	0.90905	4.55126	4.13740	4.1373
480	255.351°	70.874°	0.94480	8.66538	59.386°	0.86061	9.5131	8.18705	8.18705
440	278.76°	123.772°	0.83126	4.02438	6.487°	0.11298	29.6104	3.34529	3.34532
430	293.616°	8.6993°	0.15124	29.2251	107.86°	0.95181	4.64486	4.42011	4.42102
410	325.5°	40.583°	0.65055	35.1551	76.007°	0.97033	23.5696	22.8701	22.8702
390	360.65°	75.737°	0.96718	34.5929	40.852°	0.65411	51.2544	33.5266	33.5259

第8章 色矢量的平衡效率与合成效率

第一节 熵与平衡

　　人们从生活、科学实践中认识到，色光相加有白平衡，色料相加有灰平衡，平面汇交力系有力平衡。推而广之，自然科学、社会科学甚至人的思维活动，都有平衡的影子。儒家学说的中庸之道，不偏不倚也是平衡。动态的平衡态是自然界有方向性变化和作用处于暂时的一种状态。为了探索状态变化的规律，科学家在热力学第二定律中提出了熵的概念。简单说，熵被定义为系统的状态函数[12]。在一个封闭系统里，自发进行的过程中，系统的变化总是朝着无序性增大的方向发展，朝着熵值增加的方向进行。而熵值最大的状态，也就是系统的平衡态。

　　假若把人的视觉神经系统看作一个封闭系统，那么由光转化而来的在复频谱形成的无限多的色矢量当然也要遵循这一规律，追求色矢量的平衡。色光相加的白平衡，所有色矢量自发地相加之和等于零，没有一点彩色显示，仅仅是一个特殊情况。更多的情况是色矢量相加以后，平衡一部分色矢量，但总会产生一个合成的新的色矢量。人眼无法把已经平衡的色矢量与这个新的色矢量区分开来。已经平衡的色矢量转化成白色，这个新的色矢量转化成彩色，两者都以能量方式合在一起，人眼感知的是具有一定饱和度、亮度及色相的彩色。人眼只能在与光能量层次对应的颜色属性上感知颜色，无法在与光复振幅（即光矢量）层次对应的色矢量属性上感知色矢量与它的平衡。人眼感知的是视神经信号处理的结果，无法感知这个处理过程。而复频谱理论揭示的色矢量的整合与平衡恰恰存在于视神经信号处理的过程中。我们深信，人的视神经信号处理过程中的色矢量，也应遵循自然界熵平衡原理。

第二节 平衡效率

当色矢量 r_1 与 r_2 合成 r_p 时产生 h_1 和 h_2 两个平衡矢量如图 8-1 所示。色矢量 r_1 与 r_2 合成一个新的色矢量 r_p，这个 r_p 由两部分组成，一部分是 p_1，它是由 r_1 在 r_p 上的余弦投影，$p_1 = r_1 \cdot \cos\alpha$；另一部分是 p_2，则是 r_2 在 r_p 上的余弦投影，$p_2 = r_2 \cdot \cos\beta$，并且 p_1 与 p_2 方向相同，可以直接数量相加，即 $r_p = r_1 \cdot \cos\alpha + r_2 \cdot \cos\beta$。从图 8-1 还可以看到，在 r_1 与 r_2 合成 r_p 的同时，在 r_p 的垂直方向还产生两个分矢量 h_1 与 h_2。$h_1 = r_1 \cdot \sin\alpha$，$h_2 = r_2 \cdot \sin\beta$。按照正弦定理，$r_1 \cdot \sin\alpha = r_2 \cdot \sin\beta$，注意到 h_1 与 h_2 大小相等，但是方向相反，$|h_1| = |h_2|$，就是说这是一对平衡色矢量，平方后转化成白色，因而降低了合成色的饱和度。

两个色矢量 r_1 与 r_2 的夹角为 φ，并且 $\varphi = \alpha + \beta$。可以看到平衡色矢量模的大小既与 r_1 与 r_2 模的大小有关，也与 φ 及 α 与 β 大小有关。为了考察和评价色矢量合成中对平衡色矢量的影响，提出平衡效率 η_{ba}，用平衡色矢量模之和与两色矢量模之和的比值表示，即

$$\eta_{ba} = \frac{h_1 + h_2}{r_1 + r_2} = \frac{r_1 \cdot \sin\alpha + r_2 \cdot \sin\beta}{r_1 + r_2} \tag{8-1}$$

实际上我们关心的并不是 r_1 与 r_2 模的绝对值的大小，而是这两个模的比值，即设 $\dfrac{r_2}{r_1} = n$，并使 $r_1 = 1$，则 $r_2 = n$，并且 $h_1 = h_2$，这样（8-1）式就变成

$$\eta_{ba} = \frac{2r_1 \cdot \sin\alpha}{1+n} = \frac{2\sin\alpha}{1+n} \tag{8-2}$$

现在来分析（8-2）式，$\sin\alpha$ 的值在 $0 \sim 1$ 之间变化，而 $\alpha = \varphi - \beta$，φ 的值在 $0° \sim 180°$ 之间变化，当 $r_2 \gg r_1$ 时，也即 n 很大，分子值变化范围很小，分母值变得很大，这时 η_{ba} 值则变小。反之，当 $r_2 \ll r_1$ 时，n 与 α 变得很小，$\sin\alpha$ 也趋于零。η_{ba} 值当然也变得很小。

假若 $r_2 = r_1$，$n=1$，$\alpha = \dfrac{\varphi}{2}$，这时

$$\eta_{ba} = \frac{2\sin\alpha}{1+1} = \sin\frac{\varphi}{2} \tag{8-3}$$

也就是说只有在 $r_2 = r_1$ 与 $\alpha = \beta = \dfrac{\varphi}{2}$ 的条件下，才有最大的平衡效率 η_{ba}。（8-3）式表明若 r_1 与 r_2 为一对互补色矢量，并且 $\varphi = 180°$ 时，$\eta_{ba} = 1$，两色矢量完全平衡，转化为中性色。结论与实际情况是完全一致的。

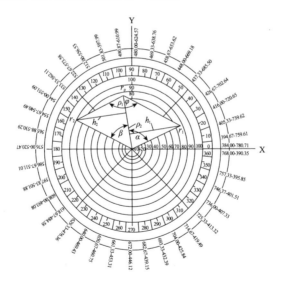

图 8-1 色矢量 r_1 与 r_2 合成 r_p 时产生 h_1 和 h_2 两个平衡矢量

第三节 合成效率

用色矢量合成的方法产生一个新的颜色，人们总是希望这个新的中间色颜色越鲜艳越好。可是（8-3）式告诉我们，两个色矢量之间的夹角 φ 越大，平衡效率 η_{ba} 也变大，平衡效率增大，意味着在合成产生新的中间色的同时，另外还产生平衡的白色，从而使颜色的饱和度趋向降低。如何提高合成中间色的饱和度向我们提出一个新的要求。现在让合成效率 η_c 来回答这个问题。

合成效率 η_c 由合成后产生的色矢量 r_p 的模与两个色矢量 r_1 与 r_2 模之和的比表示，由图 8-1 可知：

$$\eta_c = \frac{r_p}{r_1 + r_2} = \frac{r_1 \cdot \cos\alpha + r_2 \cdot \cos\beta}{r_1 + r_2} \qquad (8\text{-}4)$$

（8-4）式告诉我们，合成效率 η_c 既与 r_1、r_2 模的大小有关，由于 $\alpha = \varphi - \beta$，也与两色矢量之间夹角 φ 的大小有关。当 $r_2 \gg r_1$ 时，$r_1 \cdot \cos\alpha$ 的影响变小，这时

$$\eta_c \approx \frac{r_2 \cdot \cos\beta}{r_2} \approx \cos\beta \qquad (8\text{-}5)$$

从图 7-6 可以看到：r_2 变大，则 β 变小，η_c 则趋于 1。虽然合成效率很高，由于 r_1 与 r_2 相差过于悬殊，合成的中间色基本上还是趋同于 r_2 的颜色，意义不大。从实用价值方面考虑，当 $r_1 = r_2$ 时，合成效率 η_c 会怎样？这时 $\alpha = \beta = \dfrac{\varphi}{2}$，那么

$$\eta_c = \frac{2r_1 \cdot \cos\dfrac{\varphi}{2}}{2r_1} = \cos\frac{\varphi}{2} \qquad (8\text{-}6)$$

而（8-3）式平衡效率 η_{ba} 在 $r_1 = r_2$ 情况下 $\eta_{ba} = \sin\dfrac{\varphi}{2}$，则显然有

$$\eta_c^2 + \eta_{ba}^2 = \cos^2\frac{\varphi}{2} + \sin^2\frac{\varphi}{2} = 1 \qquad (8\text{-}7)$$

也就是说，在两个色矢量的模相等的情况下，当两色矢量夹角 $\varphi = 0°$ 时，$\eta_{ba} = 0$，则 $\eta_c = 1$，反之，当 $\varphi = 180°$ 时，$\eta_{ba} = 1$，$\eta_c = 0$。在一般条件下，$0° < \varphi < 180°$，η_c 与 η_{ba} 此消彼长，但是无论怎样变化，二者各个平方之和总是等于 1，这就是（8-7）

式的结论。（8-6）式告诉我们，在两色矢量的模相同的情况下，提高合成效率的最好途径是使两色矢量 r_1 与 r_2 之间夹角 φ 变小，φ 越小，合成效率越高。

色矢量的特点是它既有模的数值大小的变化，又有方向（相位）的不同，因而两矢量相加的结果就不像纯数值相加那样简单。从几何学来说，它遵循平行四边形原理，从色度学上来说，它遵循中间色定律。我们看到格拉斯曼有关中间色定律是这样说的："任何两个非补色相混合，便产生中间色，其色相决定于两个颜色的相对数量，其饱和度决定于二者在色相顺序上的远近。"

由于 $r_1 \cdot \sin \alpha = r_2 \cdot \sin \beta$，$r_1$ 变小，则 α 变大，反之，r_2 变大，则 β 变小。因而人们把合成中间色定律称"杠杆定律"。

如果说格拉斯曼的中间色定律依靠的是人的视觉对颜色混合规律给出的是一个定性描述的话，那么复频谱色度给出的平衡效率与合成效率则是给中间色定律一个定量描述。你看，它的原话说："任何两个非补色相混合"，这里并没有给"补色"一个界定。可是在复频谱色度里，任何一个彩色都存在一个色矢量，若两个颜色混合，两个色矢量的夹角 φ 必须小于 $180°$，这样一对颜色才能称非补色。原话说："便产生中间色"，在复频谱色度上，两个色矢量相加以后便产生一个新的色矢量，这个新的色矢量就是平行四边形中间的对角线，见图 8-1。"其色相决定于两个颜色的相对数量"这里所说颜色相对数量，实际上是指两个色矢量模的相对比值，也就是 r_2/r_1 的比值 n。从图 8-1 可以看到，若 r_1 变大，$\sin \alpha$ 就变小，中间色的位置就靠近 r_1；反之若 r_2 变大，$\sin \beta$ 就变小，中间色的位置就靠近 r_2。原话说："其饱和度决定于二者在色相顺序上的远近。"前面平衡效率讨论中指出，只要两个色矢量 r_1 与 r_2 夹角 $\varphi > 0°$，那么它们合成在产生新的中间色 r_p 的同时，在 r_p 的垂直方向还产生一对大小相等方向相反的色矢量 h_1 与 h_2，见图 8-1，这一对色矢量平衡以后转变成白色，与新产生的彩色 r_p^2 混合在一起，从而降低了新颜色的饱和度。而平衡效率就给出了平衡白色量的相对值。两色矢量色相顺序越远，色相夹角 φ 就越大，平衡效率 η_{ba} 就越高，饱和度降低的也就越多。

若两个色矢量 r_1 与 r_2 合成后产生一个新的中间色矢量 r_p，它们三者间的关系应遵照余弦定理：当两个色矢量的夹角为 φ 时，中间色矢量的模 r_p 为

$$r_p = \sqrt{r_1^2 + r_2^2 + 2r_1 \cdot r_2 \cdot \cos\varphi}$$ (8-8)

若已知两个色矢量 r_1 和 r_2 及夹角 φ 的值，就可以利用（8-8）式计算出合成色矢量 r_p 的值。

第四节　平衡效率、合成效率与两个色矢量夹角之间的关系

平衡效率告诉我们，只要两个色矢量夹角 $\varphi > 0°$，在它们相加产生中间色矢量的同时，还会产生一对平衡色矢量，平方后转化成白色。利用（8-1）式可以评价两个色矢量的平衡效率 η_{ba}。合成效率告诉我们，欲获得饱和度较高的中间色，最好的途径是缩小两个色矢量的夹角 φ。利用（8-4）式可以评价其合成效率。利用（8-8）式则可以计算出中间色的色矢量 r_p 模的相对值。在两个色矢量的模 $r_1 = r_2$ 的特殊条件下，可以利用（8-3）式与（8-6）式来考察两个色矢量的合成效率与平衡效率随两个色矢量夹角 φ 的变化是如何变化的，如表 8-1 所示。

表 8-1　合成效率与平衡效率随两个色矢量夹角 φ 的变化关系

夹角 φ	0°	30°	60°	90°	120°	150°	180°
$\eta_{ba} = \sin\dfrac{\varphi}{2}$	0	0.2588	0.5	0.7071	0.866	0.9659	1
$\eta_c = \cos\dfrac{\varphi}{2}$	1	0.9659	0.866	0.7071	0.5	0.2588	0
$\sin^2\dfrac{\varphi}{2}$	0	0.06698	0.25	0.5	0.75	0.9330	1
$\cos^2\dfrac{\varphi}{2}$	1	0.9330	0.75	0.5	0.25	0.06699	0
$\sin^2\dfrac{\varphi}{2} + \cos^2\dfrac{\varphi}{2}$	1	1	1	1	1	1	1

表 8-1 的数字清楚地反映出这样的规律：在两个色矢量的模相等的条件下，它们的合成效率 η_c 随夹角 φ 的变化是：夹角越大，则合成效率 η_c 越小。然而它

们的平衡效率 η_{ba} 却随夹角增大而增大。有趣的是，不论夹角 φ 如何变化，合成效率 η_c 与平衡效率 η_{ba} 各自平方后两者相加的值恒等于 1，就是说两者平方之和是一个互补的关系，一个变大另一个必然变小。那么，这个现象与能量守恒定律是巧合吗？

第五节　如何设定基本色

杨—赫三原色假说提出近 200 年了，此后在三色说基础上颜色科学已取得巨大进展，促使彩色印刷、彩色摄影、彩色电视及彩色显示等方面的技术不断进步，可以说今天人类已从过去的黑白信息时代迈进了彩色信息时代。应该说三原色说对当今颜色科学技术的贡献是巨大的。

复频谱色度不设固定基本色。按照矢量合成原理，只要在复频谱上设定三个以上基本色，每个基本色都隐含着一个色矢量，应用它们两两合成，就可以合成任意一个色矢量，显示出它的色相。在杨—赫三原色假说里，虽然没有色矢量的概念，实际上在每一个基本色里都隐含着一个色矢量。由基本色合成的中间色，恰恰是不自觉地利用了色矢量的作用。在复频谱上，可以把可见光全频域分成红、绿、蓝三个色域，每个色域约 120°，有三个色矢量。也可以分成红、绿、青、蓝四个色域，每个色域占 90°，它就有四个色矢量。复频谱上 X_+、X_-、Y_+、Y_- 四个坐标也可以认为是四个色矢量。当然也可以分成红、黄、绿、青、蓝、紫六个色域，每个色域约 60°，甚至还可以分出更多个色域，有多少个色域，就有多少个色矢量。按照中间色原理，想要用少数基本色矢量合成出全频域的色相，从合成效率来看，至少需要三个基本色矢量才行。大家熟悉的红、绿、蓝三基色，两个色矢量之间夹角平均 120°，如果只用两个基本色矢量，按照合成效率的要求，两个色矢量夹角必须小于 180°，那么将会使两色矢量的外角，也就是全相域的大部分色相无法合成出来。

二十世纪二十年代，莱特做色光匹配实验，他选用三基色光的波长是红光

650nm、绿光 530nm、蓝光 460nm，莱特三基色复频谱色矢量图如图 8-2 所示。

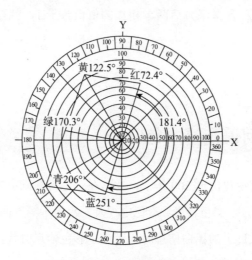

图 8-2　莱特三基色复频谱色矢量图

　　现在把这三基色以色矢量形式投影到复频谱上，则有红色矢量 72.4°，绿色矢量 170.3°，蓝色矢量 251°，等量的红光和绿光合成出波长为 582.5nm 的黄光，色相为 122.5°；等量的绿光和蓝光合成出波长为 497.0nm 的青光，色相为 206°。可是它却无法用等量的红光和蓝光在图的右边合成出紫光。原因在于，图上红光色相为 72.4°，蓝光色相为 251°，两个色矢量夹角 $\varphi=181.4°$，稍大于 180°，这两个色矢量几乎是一对互补关系，它俩相加，合成效率近似于零，不可能产生明显的中间色。此例说明，在复频谱上不仅需要考虑基本色的数量，还要考虑这几个基本色的相位在复频谱上是如何分布的。

　　（8-6）式告诉我们，若两个色矢量的模 $r_1=r_2$，在夹角 $\varphi=0°$ 的条件下，合成效率 $\eta_c=1$，（8-8）式决定了其合成色矢量的模 $r_p=\sqrt{4r_1^2}=2r_1$。只有在 $\varphi=0°$ 这种情况下，两色矢量相加才等于其数值相加。这也告诉我们，提高合成效率的最好途径是尽量缩小两色矢量的夹角。欲使夹角变小，在复频谱全频域里就得增加基本色的数量。合成效率提高了，中间色的饱和度也随之提高，色域扩大了，这正是人们期望的。不过，设置多少个基本色还要受到工艺、设备、经济等许多条件所限，要全面考量。

第六节　关于负值匹配

在 1931CIE-RGB 系统标准色度观察者匹配光谱色三刺激值中，在匹配每一个光谱色时，在 $\bar{r}(\lambda)$、$\bar{g}(\lambda)$、$\bar{b}(\lambda)$ 三个刺激值中，总有一个是负值。按照色矢量合成中间色原理，合成任意一个目标色，仅仅需要与它相邻的两个色矢量就可以了。为什么还会出现第三个色矢量，并且还是负值，确实不好理解。在色度坐标上出现负值也不方便计算，所以就对 RGB 坐标系统做了坐标变换，变换成另一个 XYZ 坐标系统。在新的坐标系统里，匹配的负值没有了，计算也方便了，可是 XYZ 变成虚拟的三个基本色了。

那么，为什么在 RGB 三个基本色匹配过程中总要出现负值匹配呢？用前面的平衡效率就可以回答这个问题。举例：用红（R）和绿（G）两个基本色相匹配，有红与绿两个色矢量 r_r 与 r_g 相加产生中间色矢量 r_p，按照平衡效率的原理，在生成中间色矢量 r_p 的同时，还要产生一对大小相等、方向相反的色矢量 h_1 和 h_2，见图 8-1。这一对色矢量平衡后，矢量性质消失了，但平方后它们的能量还在，转化成白色与合成的中间色混合在一起，因而降低了这个中间色的饱和度。可是这个合成的中间色与匹配目标的光谱色虽然波长相同，但是饱和度却相对较低。为了使合成中间色与准单色光在视觉上达到匹配，看来只有降低准单色光目标色的饱和度，但是，如何降低呢？注意到与目标色的色相差最大的就是蓝基本色。按照色矢量平衡效率，只要从蓝基本色一边移一点蓝色光加在黄目标色准单色光一边，适当降低一点它的饱和度，从而使中间色与目标色在视觉上匹配。

用 Y 表示目标色，用 RGB 表示三基色，则有：Y+B（少量）=R+G。现在如果把方程左边 B（少量）移到方程右边，变成负值 Y=R+G-B（少量），结果是，为了匹配目标色 Y，除了用 R、G 两个色矢量相加以外，只有把少量第三个基本色 B 加到目标色中，也产生一点白色，使之达到两色匹配，这少量第三个基本色 B 移到方程式的右边，就是 B 负值匹配。

上例虽然是在 RG 匹配中出现的只是负 B 匹配，但是平衡效率告诉我们，只要两个基本色之间的夹角 $\varphi>0°$，必然有平衡矢量转化为白色，因此，在全光谱目标色匹配过程中，三个基本色都有负值匹配。注意到三基色 RGB 负值的大小随着目标色波长的移动，也就是随着目标色在复频谱上相位的移动，逐渐由小到大，达到一个最大值以后，又渐渐变小。三个基本色的负值的变化规律都一样，两头小，中间大。这个变化规律与两个色矢量在夹角固定条件下的平衡效率 η_{ba} 的变化规律恰巧是一致的。

需要再一次强调，匹配中出现的中间色及平衡白色，在这些变化中，真正起作用的不是基本色光能量，而是由光色变换出的色矢量，记录的刺激值既不是光的能量也不是色矢量，而是光的视亮度。正如前文"第七章 色矢量合成目标色"9个例题所示，只有知道了基本色光的窄波宽 $\Delta\lambda$，把它换算成微弧度 $\Delta\theta$，并将刺激值换算成光能量层级的辐亮度，才可以按色矢量相加的原理进行计算。

第七节 关于负后像

一个连续的光谱映射到复频谱上，隐含着无限多个色矢量。假若把人的视觉系统看作一个封闭系统，当一个连续光谱的光进入人眼时，这些色矢量也要遵守熵平衡原理的自然规律。生物适应自然是生存的基本法则。所谓适应自然，既是适应自然环境的变化，更是适应自然变化的规律法则。人类在地球上太阳光照下经亿万年进化，完全适应才形成今天的颜色视觉。太阳光谱里红、橙、黄、绿、青、蓝、紫，五彩缤纷，可是在人眼里它显白色。试想，假若太阳光在人的视觉系统不能自发地进行白平衡，会产生什么样的结果。所以说，人的视觉系统有自发地追求色矢量平衡的本能。

假若您在一面白墙上注视一小块红色，几秒钟以后将红色移开，这时白墙上原来红色处呈现出浅青色，而不是白色。大家知道，青色与红色是互为补色，也可以称青为负红，称这种视觉现象为负后像。负后像的颜色总是反色。绿色负后像的颜色是紫红色，黑色负后像的颜色是白色，所谓"负"，就是反方向的意思。

就像过去彩色摄影的彩色负片一样，全是反方向的颜色。

十九世纪德国诗人、剧作家、思想家歌德（Johann Wolfgang Von Goethe，1749—1833），他曾热心研究色彩学，1810 年出版了《色彩学》，有关负后像他有一段精彩的描述。"有一夜，我走进一家旅馆的房间里，一个美丽的少女向我走来。她的脸色洁白而有光泽。头发乌黑，身上穿着一件绯红色的紧身衣裙。当她在距我稍远的地方站定，我在微弱的黄昏的灯下对她注视了一会儿。她离开时，我在对面白色的墙上看到了一个被发亮的光影包围着的黑色脸庞。那件裹着极其苗条体型的衣裙，竟是美丽的海水绿色。"你看，原来洁白的脸，负后像变成了黑色；绯红色的衣裙负后像变成了海绿色。

尽管负后像停留的时间很短，颜色表现得也很弱，可是它是人的视觉的自然现象，只是一般不为人们注意罢了。这说明，当人的视神经受到一束色光刺激时，自然引发人的颜色知觉。按照前面所讲的熵平衡原理，在人的视神经系统中会自发地产生一个与这个色刺激相反的颜色信号，力图来平衡这个色刺激。这个反信号刺激的作用也许是保护视神经不至于疲劳。只是当外界光刺激消失以后，这个反作用却还会滞后停留一段时间，这时人们看到的这个反作用信号显示的颜色就是负后像。在这里用色平衡诠释负后像，既符合自然规律，也符合人身自我保护的生理本能。

第9章 色料减法混合

减法混合（subtractive mixing）主要指一类对白光具有一定选择性吸收的色料混合，也是相对于色光加法混合而言。吸收就是减少光量。当两种以上色料混合在一起，每种色料都以自己的"个性"从其他色料出射的色光中吸收掉它应该吸收的那一部分色光。最后显示的颜色是参与混合的所有色料吸收后剩余的那一部分色光的颜色。参与混合的色料数越多，相互吸收得也越多，光量减少得越多，最后显示颜色的亮度也越低。色料减法混合显色的原理，比色光加法混合要复杂得多，说它复杂主要是入射光在色料层内部路径与吸收机理都比较复杂。最终从色料层出射光的显色，与色光加法混合的原理如出一辙，当然，也适用于复频谱色矢量的色度计算。

白光映射在复频谱上，所有色矢量是平衡的，色矢量之和等于零，没有彩色，显示出的是白色。一旦色料从白光中吸收某些频域的色光，打破了复频谱上原来色矢量的平衡，剩余的色矢量积分整合以后，必然要出现一个新的色矢量，这个新的色矢量就决定了该色料的色相 H 和色彩强度 C。

色料是个宽泛的名称，在实际应用方面可分为染料和颜料两大类。染料的特性是它可以溶解于水或其他溶剂，生成单相真溶液。而颜料则是既不溶于水，也不溶于油和其他介质，它以颗粒状均匀地分布在介质中，形成一种多相体系。大家熟知的印刷油墨、油漆、涂料等都是由颜料组成的多相体系。它们对入射光不仅能选择性地吸收，对光还有散射作用。一般来说颜料涂层都有一定厚度，光线在涂层中的路径是非常复杂的。涂层对光的作用还与颜料颗粒大小、形状、分布等因素有关，这些因素都对最终出射光产生影响。

在色料减法混合中，印刷油墨混合显色是最重要的一个方面。下面拿常用的印刷油墨复频谱色度图一一介绍。

第一节 常用印刷油墨复频谱色度图

建立在用红、绿、蓝三基色假说基础上的颜色科学还很年轻，而应用红、绿、蓝三色滤色照相分色的彩色印刷已经有 100 多年的历史。可以说彩色印刷是当今颜色科学技术应用得最早也是最重要领域之一。下面列出了 12 种油墨的复频谱颜色特征数值，如表 9-1 所示，绘制出该 12 种油墨的复频谱色度图，如图 9-1 到图 9-12 所示。

表 9-1　12 种油墨的复频谱颜色特征数值

序号	图号	油墨名称	色相 H	色彩强度 C	亮度 L	饱和度 S/%
1	图 9-1	玫瑰红	8.91°	6.67	30.20	36.92
2	图 9-2	桃红	25.39°	7.46	31.58	49.60
3	图 9-3	洋红	37.72°	7.60	27.35	66.24
4	图 9-4	大红	45.92°	8.38	29.68	70.28
5	图 9-5	金光红	56.69°	9.04	29.99	73.63
6	图 9-6	深黄	88.09°	9.31	41.44	41.55
7	图 9-7	中黄	93.62°	9.64	45.40	39.53
8	图 9-8	绿	208.12°	5.81	18.96	46.70
9	图 9-9	天蓝	254.70°	6.73	20.96	54.19
10	图 9-10	青莲	317.29°	5.49	14.40	60.79
11	图 9-11	冲淡白	143.91°	0.84	82.01	0.14
12	图 9-12	黑	269.98°	0.20	0.69	0.99

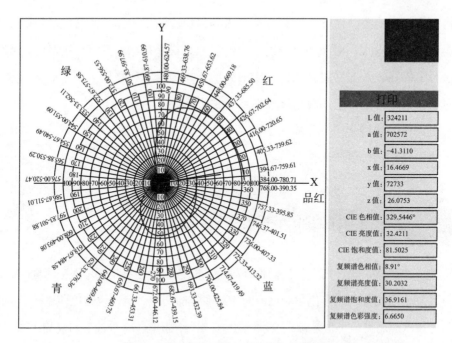

图 9-1　天津天女玫瑰红油墨复频谱色度图

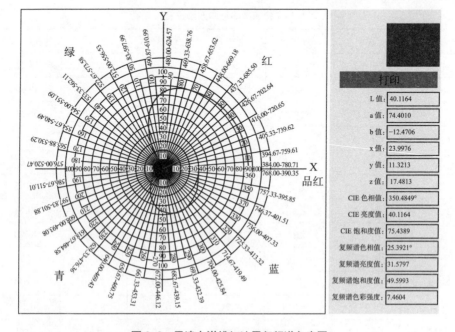

图 9-2　天津东洋桃红油墨复频谱色度图

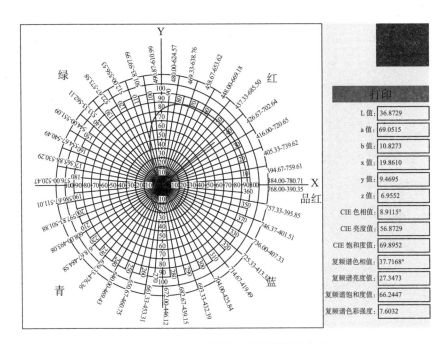

图9-3 天津东洋洋红油墨复频谱色度图

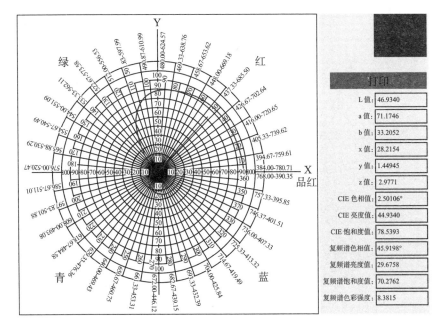

图9-4 天津东洋大红油墨复频谱色度图

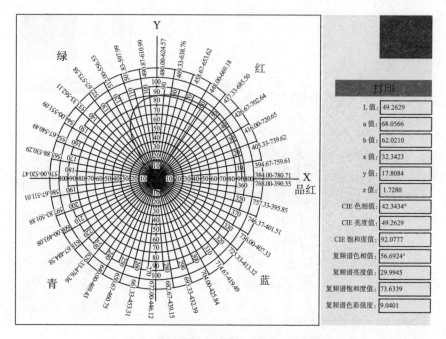

图 9-5　天津东洋金光红油墨复频谱色度图

打印	
L 值	49.2629
a 值	68.0566
b 值	62.0210
x 值	32.3423
y 值	17.8084
z 值	1.7280
CIE 色相值	42.3434°
CIE 亮度值	49.2629
CIE 饱和度值	92.0777
复频谱色相值	56.6924°
复频谱亮度值	29.9945
复频谱饱和度值	73.6339
复频谱色彩强度	9.0401

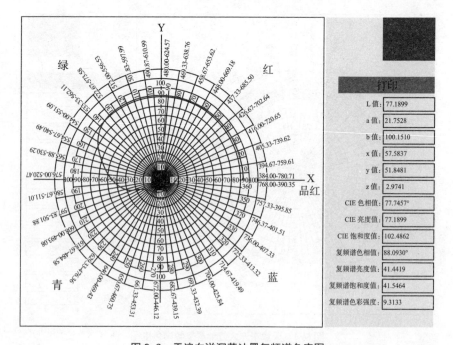

图 9-6　天津东洋深黄油墨复频谱色度图

打印	
L 值	77.1899
a 值	21.7528
b 值	100.1510
x 值	57.5837
y 值	51.8481
z 值	2.9741
CIE 色相值	77.7457°
CIE 亮度值	77.1899
CIE 饱和度值	102.4862
复频谱色相值	88.0930°
复频谱亮度值	41.4419
复频谱饱和度值	41.5464
复频谱色彩强度	9.3133

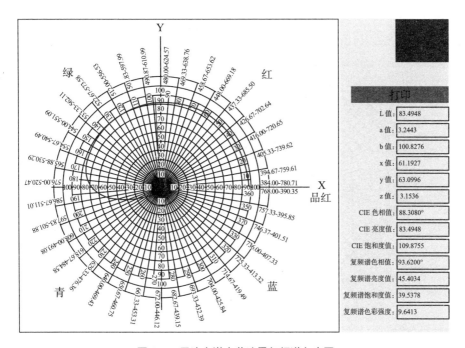

图 9-7　天津东洋中黄油墨复频谱色度图

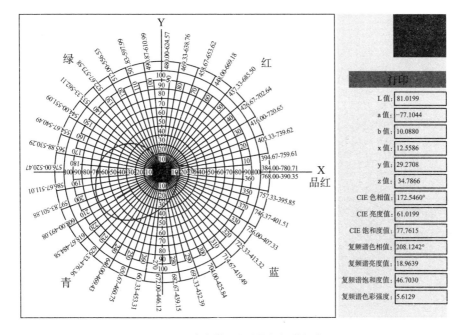

图 9-8　天津东洋绿色油墨复频谱色度图

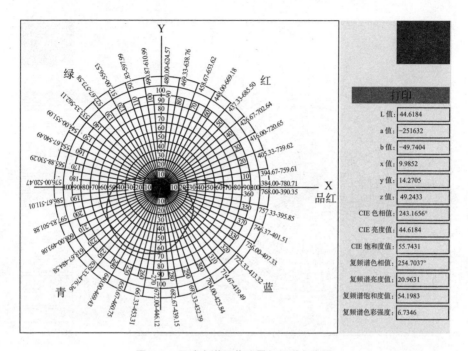

图 9-9　天津东洋天蓝油墨复频谱色度图

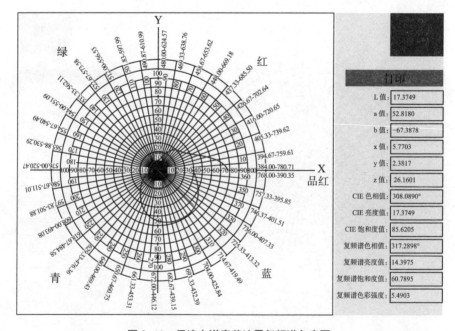

图 9-10　天津东洋青莲油墨复频谱色度图

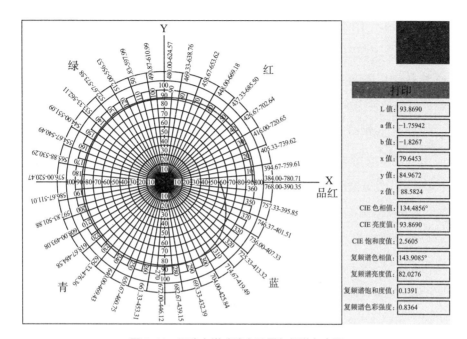

图 9-11 天津东洋冲淡白油墨复频谱色度图

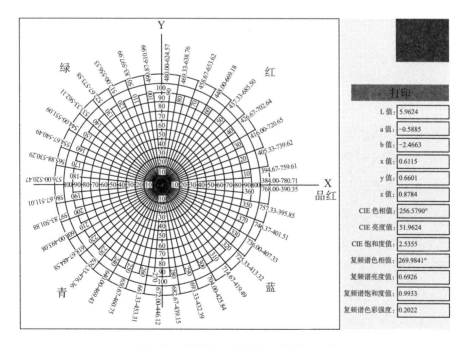

图 9-12 天津天女黑色油墨复频谱色度图

上述图 9-1 至图 9-12，不仅直观地将这些油墨的复频谱矢端函数曲线、亮度、色彩强度、色相、饱和度显示出来，还给出了 CIE-Lab 及 CIE-XYZ 的色度值。通过将 CIE 色度值与复频谱色度数值进行比较我们可以看到，CIE-Lab 系统在颜色的均匀性方面有很大改进，但是与复频谱色度系统相比较，还存在一些不足。以图 9-2 桃红油墨为例，复频谱色相值为 25.3921°，它的矢端函数曲线包围的面积大部分在红色区域。而在 CIE-Lab 色度系统中，其相位角（色相值）为 350.4849°，处在蓝色区域。复频谱色相与光的频率、波长相对应，而在 CIE-Lab 色度系统中，其色相值没有上述对应关系。更为重要的是，如图 9-7 所示，中黄油墨的复频谱饱和度为 39.5378，而 CIE-Lab 的饱和度高达 109.8755。众所周知，在 CIE-XYZ 系统里，只有落在光谱轨迹上的饱和度为最高，其值不超过 100，若超过 100，则无法从光学上给予合理的解释。

第二节　透射光显色

把几个色层叠合在一起，当光线从一侧照射，透过叠合层，从另外一个侧面出射，透射光路径图如图 9-13 所示。设初始入射光量为 I_0，透过第 1 层衰减掉 a_1 以后，透射率为 τ_1，透过的光量为 $I_0\tau_1$。依次透过第 2 层、第 3 层，直至第 n 层。每一个透层光量的衰减分别为 $a_2, a_3, \cdots, a_n$，透过率则依次为 τ_2，$\tau_3, \cdots, \tau_n$。当透过第 n 层以后，透射光只剩下了 $I_0\tau_1\tau_2\tau_3, \cdots, \tau_n$ 了。从第 1 层到第 n 层各层的衰减光为：

$a_1 = I_0(1-\tau_1) = I_0 - I_0\tau_1$

$a_2 = I_0\tau_1(1-\tau_2) = I_0\tau_1 - I_0\tau_1\tau_2$

$a_3 = I_0\tau_1\tau_2(1-\tau_3) = I_0\tau_1\tau_2 - I_0\tau_1\tau_2\tau_3$

$\vdots$

$a_n = I_0\tau_1\tau_2\tau_3, \cdots, \tau_{(n-1)}(1-\tau_n) = I_0\tau_1\tau_2\tau_3, \cdots, \tau_{(n-1)} - I_0\tau_1\tau_2\tau_3, \cdots, \tau_{(n-1)}\tau_n$

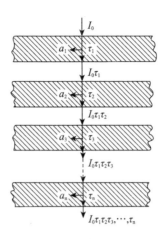

图 9-13　透射光路径图

图 9-13 中　　I_0 ——初始入射光量；

　　　　　　a_i ——第 i 个透层衰减光量；

　　　　　　τ_i ——第 i 个透层的透射率。

初始入射光量 I_0 透射过 n 层以后，设总的衰减率为 A，那么

$$
\begin{aligned}
A &= \frac{a_1 + a_2 + a_3 + ,..., + a_n}{I_0} = \frac{\sum_{i=1}^{n} a_i}{I_0} \\
&= \frac{I_0 - I_0\tau_1 + I_0\tau_1 - I_0\tau_1\tau_2 + I_0\tau_1\tau_2 - I_0\tau_1\tau_2\tau_3 + ,..., - I_0\tau_1\tau_2\tau_3,...,\ \tau_{(n-1)}\tau_n}{I_0} \\
&= 1 - \tau_1\tau_2\tau_3,...,\ \tau_{(n-1)}\tau_n
\end{aligned}
$$

$$(9\text{-}1)$$

设总的透射率为 τ，则

$$
\tau = \tau_1\tau_2\tau_3,...,\ \tau_{(n-1)}\tau_n = \prod_{i=1}^{n} \tau_i \qquad (9\text{-}2)
$$

就是说光线透过 n 个色层以后，总的透射率 τ 等于各个色层透射率的乘积。由于每一个透射率因子都是小于 1 的数，可知色层越多，衰减得也越多，总的透射率也越低。当 n 是一个很大数的情况下，总透射率可能接近于零。

如果我们预先测定了 n 个色层中每一个色层的透射率，通过（9-2）式就可

以计算出这 n 个色层叠合以后总的透射率 τ。

举例：用分光光度计测得品红油墨复频谱透射率曲线上每一个相位处的透射率 τ_m，中黄油墨复频谱透射率曲线上每一个相位处透射率 τ_y，只需在两个油墨复频谱曲线所有相同的相位处将两个透射率相乘，即可获得两种油墨叠印后显示出红色的透射率曲线。有了这样的矢端函数曲线，就可以据此计算出叠印后红色的所有复频谱颜色特征数值。

用同样的方法还可以得到中黄油墨与青墨，叠印后显绿色的透射率曲线及青墨与品红墨叠印后显蓝色的透射率曲线。由于目前缺少上述青、品红、黄三基色油墨复频谱透射率曲线图数据，因此暂时未提供青、品红、黄三基色油墨复频谱透射率曲线图。

墨层内的衰减光主要是颜料颗粒的选择性吸收，其次是散射。在颜料颗粒直径大大小于光的波长的情况下，光的路径散射是次要的，主要是绕射。缩小颜料颗粒直径，在满足充分吸收的条件下，对于提高透射率是有益的，这也是提高油墨颜色性能的重要方向。

第三节　反射光显色

世间万物，林林总总，物体颜色五彩缤纷。这些物体的颜色绝大多数都属于反射光显色。白光照射在物体上，一部分从表面反射出来，一部分入射到物体表层内部不同部位的一定深度，被物体吸收或散射而衰减，剩余的再反射出来。由于物体表面层分子结构及颗粒形状、大小不同，入射光在表层内不同深度处的路径及方向是随机散开的。从表层内部不同深度处再反射出来的光与表面上的反射光一同构成物体反射光。这些光就决定了物体的外观颜色。足见物体反射光的路径比透射光要复杂得多。

除了物体自身的条件显示颜色以外，人们为了一定目的及需要，往往使用色料涂饰的方法使物体显示颜色。这些色料有装饰用的涂料、油漆，有印染用的色浆，有印刷油墨等。其中以印刷油墨显色机理较为复杂。不仅不同油墨本身显示不同颜色，更多的是两种不同颜色油墨调和或叠印改变显示出新的颜色。下面就以油墨为例做进一步讨论。

印刷油墨的主要成分是树脂一类连结料和颜料。连结料是天然的或是人工合成的高分子化合物，是透明的连续介质。而颜料却是以颗粒状分散在连结料中，形成一个悬浮状多相体系。颜料颗粒不仅形状不一，大小也不一致，对入射光不但有选择性吸收，它的颗粒表面对光线还有散射和绕射作用。可见从光路上来说，印刷油墨远不是那种理想的光学介质。光线进入墨层以后，颜料颗粒表面在经过光散射、绕射作用下，完全改变了最初的入射方向。不管从哪个方向入射到颜料层内颗粒表面的光线，一部分被颜料颗粒选择性吸收，剩余的再以随机的方向散射出去。这些光再入射到邻近的颜料颗粒上，照样又是被吸收和再散射，依次类推。因此墨层内这些光的路径及方向是随机散布的。虽然如此，最终的结果是确定的。这就是一部分光量在墨层内被颜料颗粒吸收，另一部分光量由于反复、多次散射最终以热的方式消耗在墨层内，这两部分合称为衰减光。更多的光量入射到墨层内不同深度处再反射出来。关于反射光又分为几种情况，首先是并未进入墨层，由表面直接反射出来，其次才是从墨层内部不同深度处反射出来。不管光的路径多么复杂，归纳起来可以把它分成向下的、水平的和向上的三个方向，其反射光路径如图 9-14 所示。

设颜料颗粒的平均直径为 d，相当于每个微层的厚度，如果墨层厚度为 b，那么它是由 n 个微层叠加而成，$nd=b$。

设初始入射光为 I_0，首先在墨层表面上有反射光 $I_0\rho$，这里 ρ 为反射率。每个微层的透射率为 τ，τ 恒小于 1。入射光进入墨层以后，在每一个微层内既有衰减光 a_i，也有透射光 τ^i，这里的 i 表示微层数，还有反射光 $I_0\tau^{2i}\rho$。但是最终透射光还是以反射光的方式从墨层内不同深度处再反射出来。这样墨层就没有透射光了。从图 9-14 看，初始的入射光及透射光是向下方向，衰减光是水平方向，反射光是向上方向。设总的反射光为 I_ρ，那么

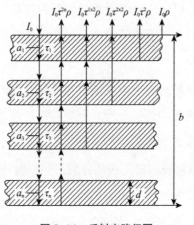

$$I_0\tau^{2n}\rho \quad I_0\tau^{1\times2}\rho \quad I_0\tau^{2\times2}\rho \quad I_0\tau^2\rho \quad I_0\rho$$

左图 b 墨层厚度，
n 墨微层数，d 颜
料颗粒平均直径
$nd=b$

图9-14 反射光路径图

$$I_\rho=I_0\rho+I_0\tau^2\rho+I_0\tau^{2\times2}\rho+I_0\tau^{2\times3}\rho+\cdots\cdots I_0\tau^{2\times n}\rho$$

$$=I_0\rho+\sum_{i=1}^{n}I_0\tau^{2i}\rho \tag{9-3}$$

　　显然，当墨层总厚度 b 一定时，颜料颗粒平均直径 d 越小，微层数 n 就越大。$\tau<1$，当 n 很大时，τ^{2n} 连乘的积可能趋于零。由此我们知道，虽然总的反射光 I_p 是由 $I_0\rho$ 与指数为 n 个反射光因子项相加而成的，但是不同 n 的因子项在加和总量中的权重是不同的。墨层越往上 n 值越小，权重因子数值越大，对总的反射光的贡献也越大。反之，n 值越大，对反射光的贡献就越小。

　　在图9-14中，每个微层内还有水平方向箭头代表的衰减光 a_i，它又包含两部分，主要部分是颜料颗粒对入射光选择性吸收；另一部分是颜料颗粒不规则表面对入射光的散射作用，最终以热的方式消耗在微层内。其中颜料颗粒对入射光选择性吸收是油墨产生色彩的主要原因。墨层的颜料颗粒平均直径越小，微层数也越多，选择性吸收的光也越多，油墨的色彩越鲜艳，饱和度也越高。反映在复频谱色度图上，在选择性吸收频域，反射率是低的。那么这个方向低了，白光中色矢量失去平衡，在它的反方向产生的色彩强度就高了。这正是我们希望的。

任何事物总是有利也有弊，油墨层的中上层的反射光对总反射光的贡献是主要的。但是也因为中上层反射光路径短，不能充分被吸收，加之表面反射光还是白光，致使总反射光的成分里彩色光的比重偏低，这就是为什么一般说反射光的色彩饱和度总比透射光要低。

通过以上讨论，可以总结以下几点：

（1）关于油墨层的镜面反射

油墨在承印物表面固化以后，生成一层连续的薄膜，如果膜的表面比较光滑，例如亮光油墨，入射到表面上的光线中一部分尚未进入墨层内部就从表面层上反射回来，如图 9-14 中 $I_i\rho$ 所示。习惯上称这部分反射光为镜面反射。墨层表面越光滑，镜面反射越强。镜面反射光没有进入墨层内部，因而没有被颜料颗粒选择性吸收，故其组成仍同入射的白光一样。镜面反射光虽然提高了墨色的亮度，但却降低了色彩的饱和度。对于透明性较差的油墨，本来选择性吸收的能力就差，其镜反射的负面影响就更明显了。但是，镜面是定向反射，在其他方向并不影响反射颜色的鲜艳程度。

对油墨表面光滑度影响较大的是油墨的连结料。特别是合成树脂一类的连结料，它们的固化机理与固化速度直接决定着油墨表层的光滑状态，当然也就决定它的镜面反射能力。

（2）墨层厚度对显色能力的影响

油墨之所以显示色彩，是靠它颜料颗粒对白光的选择性吸收。假设它吸收了白光中某一频域的色光，该频域在复频谱上的色矢量就减弱，原来白光在复频谱上的色矢量处于平衡的状态被打破，失去了平衡，于是在该频域的反方向（补色方向）就显示出一个色矢量，这个色矢量的模即该墨色的色彩强度。由图 9-14 可知，入射光每透过一个微层被颜料颗粒选择性吸收以后，加上在该微层消耗的散射光，就出现一个衰减光 a_i。入射光透过的微层数越多，衰减光 a_i 也越多。一个墨层的微层数值 n 是由颜料颗粒平均直径 d 决定的，那么当墨层厚度 b 一定时，颜料颗粒平均直径 d 越小，则微层数 n 越大。可见颜料颗粒平均直径的大小对油墨颜色性能的影响实在是太大了。

（3）图 9-14 中指数因子 n 的作用

随着墨层中微层数 n 值的增加，一方面颜料颗粒选择性吸收在增加，另一方面光散射损耗也在增加，结果是颜色的饱和度提高了，亮度却降低了。注意到随着指数因子 n 值的提高，（9-3）式数列中各项的绝对值却在逐步降低。当 n 值增高到一定程度时，该项的绝对值相对 I_ρ 的贡献可能小到可以忽略不计了。

假设一个墨层有 40 个微层，即 $n=40$，其中每一个微层的透光率为 $\tau_i=0.95$，那么整个墨层的透光率 $\tau_n = \tau_i^{40} = 0.95^{40} = 0.13$。由此可见，入射光透过 40 个微层以后，透过的光量仅剩下原来光量的 13% 了。就是说即使墨层的透明度很好，随着 n 值的增加，数列中的项值在变小，当数列中 τ^{2n} 项的值在总反射光中所占的比重小到可以忽略不计时，即使再增加墨层厚度，总反射光的构成也不会有明显的改变。

天蓝、洋红、中黄三种颜色油墨墨层厚度与墨色亮度及饱和度的变化关系曲线如图 9-15 至图 9-17 所示。从图中可以看到，饱和度与墨层厚度曲线的拐点在 4 µm 左右。

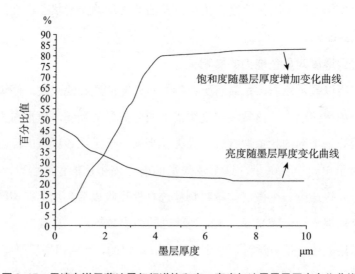

图 9-15　天津东洋天蓝油墨复频谱饱和度、亮度与油墨墨层厚度变化曲线

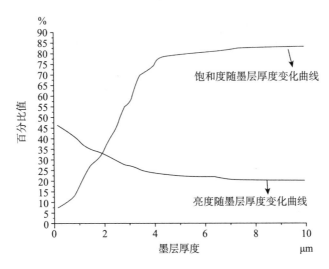

图 9-16　天津东洋洋红油墨复频谱饱和度、亮度与油墨墨层厚度变化曲线

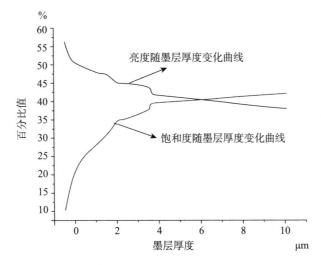

图 9-17　天津东洋中黄油墨复频谱饱和度、亮度与油墨墨层厚度变化曲线

（4）颜料的分子结构与它的颜色性能

当前印刷油墨所用的颜料基本上是以有机化合物为主。这些有机化合物的分子结构可以说是千差万别，但是它们都有着共同的结构特点。在它们的分子结构里都有着交替排列的单键和双键，形成一个长的大 π 键，也称共轭 π 键。这些有机物之所以显示彩色，是因为这些有机物分子 π 键的电子能从可见光中选择性吸

收一定频域的光子，因而它反（透）射出来的光才显彩色。

根据光子能量公式，$\varepsilon=h\nu$，h 是普朗克常数，ν 是光子的频率。很明显，光子的频率越高，其能量也越大。另外，有机分子上共轭双键越多，双键上的 π 电子流动性越大。轨道上的 π 电子有基态和激发态。设二者之间能量差为 $\Delta\varepsilon$，能量差 $\Delta\varepsilon$ 越小，π 电子的流动性越大越容易被激发，这样的 π 电子越容易吸收一个光子跃升到激发态，从而改变了入射光的频谱结构。所有的色料它们的共同特点是分子链上都具有复杂的共轭键 π 电子结构。并且这些 π 电子的激发能量恰恰处在 1.71~3.10ev 可见光的能量范围。例如，一个色料分子主要吸收频率在768MMHz 到 580MMHz 这个频域的光子，它应该显黄色。如果吸收频域再向低频方向延伸到 490MMHz 一带，则显红色。

大量研究发现，在大共轭 π 键的碳原子上引入带负电性的原子如氧、氮、氯、溴等，或者是羟基（—OH），氨基（—NH_2）、硝基（—NO_2）等供电子基团，这些原子或基团的引入，能促使大 π 键上电子流动性增强，在一定程度上降低了 π 电子基态到激发态之间的能级差 $\Delta\varepsilon$，使色料的颜色向深色方向延伸，人们称之为深色效应。这方面最明显的例子就是酞菁类颜料了，在酞菁蓝的分子上适量引入氯原子或溴原子，可以使颜色逐渐向青或蓝的方向变化。

有一个现象有必要在这里深一步讨论。所有酞菁类颜料无论是酞菁蓝还是酞菁绿，它们在复频谱色度图上，都有一个共同的特征，就是其反射率曲线在红色频域本应是主要吸收率很高反射率很低的，可是实际上大约从 650nm 开始它的反射率开始上升，直到 780nm，如图 9-18 天津东洋孔雀蓝油墨复频谱色度图所示。从反射率来说，酞菁类颜料显色主要在复频谱的青色区，而与它互补的则是红色区。

格拉斯曼关于颜色定律中有一个补色律，每一个彩色都有一个与它对应的补色。若这两个颜色适量相加，则显示中性色。称这一对颜色为互补色。补色律无论对色光相加，还是对色料相减都是成立的。例如，红与青是一对互补色，黄与蓝也是一对互补色。

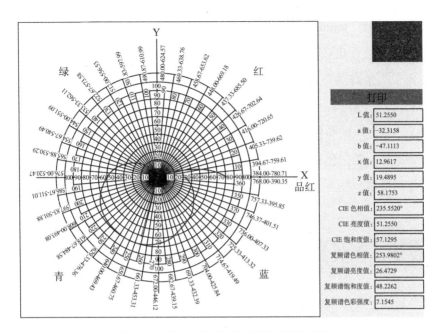

图 9-18 天津东洋孔雀蓝油墨复频谱色度图

复频谱色矢量平衡的原理与格拉斯曼的互补色理论在实质上是一致的。一对互补色在复频谱色度图上两个色相的方向互为反向。那么两个色矢量也必然是互为反向。如果两个色矢量大小相等、方向相反是一对互补色，两者相加等于零，这就是色矢量平衡，显中性色。

现在来分析图 9-18 孔雀蓝色度图在 650nm 到 780nm 这个长的"尾巴"。孔雀蓝的色彩强度及色相是由 X_- 和 Y_- 合成的，而在红区这个"尾巴"则是由 Y_+ 和 X_+ 合成的。由于"尾巴"恰恰位于红区在青区反向，在一定程度上削弱了青区的色彩强度，也就降低了孔雀蓝与其他色墨叠合时的显色能力。这里例举的是孔雀蓝，天蓝、中蓝、绿等酞菁类颜料的复频谱色度图都有"尾巴"出现，只不过程度不同而已。应该说，酞菁类颜料这个"尾巴"对它的色彩性能的影响是负面的。

为什么长期以来会让这个"尾巴"存在下来？一是由于可见光谱红蓝两端明视效率 $V(\lambda)$ 越来越低，这就给人一种错觉，似乎波长在 400nm 以下、700nm 以上这些两端的色光在与其他色光合成中的作用也会随之越来越弱。二是因为存在以上观念，过去分光光度计测量波长范围一般仅在 400nm 到 700nm，而"尾巴"

存在的 700nm 到 780nm 区域无法记录。

复频谱颜色理论认为所有可见光全频域的色矢量仅仅与该频域光复振幅有关，与光子动量有关，与人的视觉明视效率 $V(\lambda)$ 大小无关。因而酞菁类复频谱色度图上这个"尾巴"虽然视觉上可以忽略，但在色矢量的作用上是不能忽略的。正是由于"尾巴"的负作用降低了印刷三基色之一的青（天蓝）的色彩强度。在印刷青、品红、黄三色灰平衡中，由于青色油墨的色彩强度较低，所以总是要比黄和品红用量多一些。

第四节　色矢量计算灰平衡

彩色印刷过程中判断颜色还原是否正确，最好的方法是检测青、品红、黄三色混合或叠印是否达到了灰平衡。色光相加有白平衡，色料相加有灰平衡。对于颜色实践中这一重要现象，以往人们只能从经验中找规律，用眼睛做判断，无法从理论上做出解释，更不能给出一个科学的计算方法。

油墨的特性就在于它能从入射的白光中选择性吸收掉一部分频域的色光，使白光失去了白平衡，从而显示出彩色。复频谱分光光度计测出油墨的特征数值中色相 H 与色彩强度 C 就是该油墨色矢量 r 的颜色特性。那么在这个色矢量的反方向必然有一个大小与之相同的在色度图上未显示出来的减色矢量。所谓灰平衡，就是三基色油墨青的减色矢量 r_c' 与品红的减色矢量 r_m' 及黄的减色矢量 r_y' 三者之和等于零，其结果全频域的色光被均匀地减（吸收）掉了，才显示灰（黑）色。

按理灰平衡的色矢量计算应该用三个减色矢量，考虑到这些减色矢量与油墨的特征数值中显示的色矢量大小相同，方向相反，为了方便，就借用这些显色矢量的色相 H 及色彩强度 C 来计算其灰平衡。但要注意二者的区别：显色的色矢量的平衡呈白色，越加越亮；减色矢量的平衡显灰色，越加越暗。对于一种具体的油墨，它的色相基本上是不变的。例如，青墨 $H_c=255°$，品红墨 $H_m=25°$，黄墨 $H_y=98°$，欲使这三种墨达到灰平衡，必须使这三个减色矢量之和等于零。

在印刷过程中，由于供墨系统供墨量的变化，印张上色彩强度随之亦发生变化，这种变化必然打破原有的灰平衡，需要重新调配供墨量。青、品红、黄三基色墨层厚度与色彩强度 C 的曲线图如图 9-19 至图 9-21 所示。

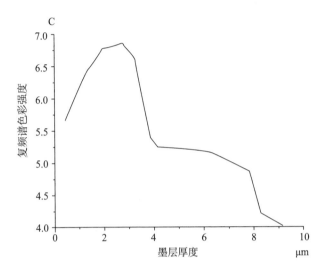

图 9-19 天津东洋天蓝油墨复频谱色彩强度随墨层厚度变化曲线

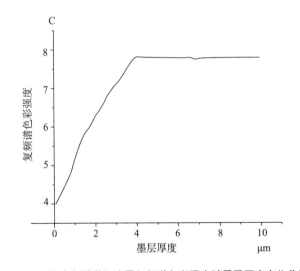

图 9-20　天津东洋洋红油墨复频谱色彩强度随墨层厚度变化曲线

图 9-19 相比较图 9-20、图 9-21，出现一个反常现象。它的色彩强度在墨层厚度大约 2.8 μm 以上开始急剧下降。我们知道，在墨层内因光散射而衰减的光

量随波长变短而急剧增加，所以随着墨层厚度的增加，青、蓝区域反射光的色矢量急剧减弱。可是，由于红色区域的"尾巴"波长最长，导致红光散射衰减最少，它的色矢量几乎不受影响。这个"尾巴"抵消了青的色矢量，此消彼长，从而使得天蓝油墨的色彩强度随墨层厚度增加而急剧下降。

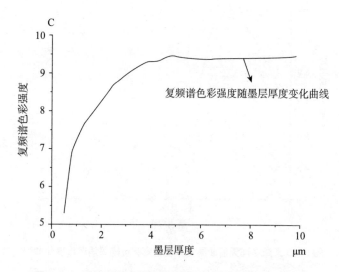

图 9-21　天津东洋中黄油墨色彩强度随墨层厚度变化曲线

计算灰平衡要先设定三个墨色中最大的一个墨色强度为基数，求解另外两个墨色强度与其平衡时各是多少。例如，假设青色油墨的色彩强度 C_c=6.4，已知三基色的色相 H_c=255°、H_m=25°、H_y=98°，青、品红、黄三色矢量灰平衡如图 9-22 所示。下文中的 C_c 为图中的 r_c，C_c' 为图中的 r_c'，C_y 为图中的 r_y，C_m 为图中的 r_m。

以 C_c 反方向等值为平衡的减色矢量 C_c' 为对角线，以黄墨色彩强度 C_y 与品红墨色彩强度 C_m 为两边，作平行四边形，这两个色彩强度即达到灰平衡状态时的色彩强度。从图 9-22 相似三角形中任取一个，算出该三角形的三个内角，α=50°，β=23°，φ=107°。应用正弦定理：

$$\frac{C_c'}{\sin\varphi} = \frac{C_y}{\sin\alpha}, \quad C_y = \frac{\sin\alpha \cdot C_c'}{\sin\varphi} = \frac{\sin 50° \times 6.4}{\sin 107°} = \frac{0.766044 \times 6.4}{0.956305} = 5.1267$$

$$\frac{C_c'}{\sin\varphi} = \frac{C_m}{\sin\beta}, \quad C_m = \frac{\sin\beta \cdot C_c'}{\sin\varphi} = \frac{\sin 23° \times 6.4}{\sin 107°} = \frac{0.390731 \times 6.4}{0.956305} = 2.6149$$

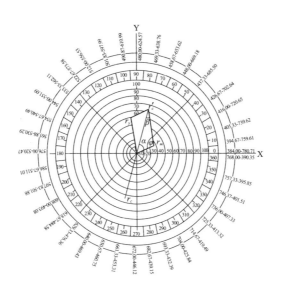

图 9-22　青、品红、黄三色矢量灰平衡

计算结果表明，当青墨的色彩强度 C_c=6.4 时，欲达到灰平衡，品红墨和黄墨的色彩强度分别为 C_m=2.6149，C_y=5.1267。

无论用哪个墨的色彩强度做基数，也无论这个基数取多大值，由于三基色的色相是不变的，所以三色平衡时色彩强度的比值也是不变的，使得这个灰平衡色矢量计算方法既简便又实用。

青、品红、黄三基色灰平衡数值列表如表 9-2 所示。

表 9-2　青、品红、黄三基色灰平衡数值

项目	青（c）	品红（m）	黄（y）
色相 H	255°	25°	98°
色彩强度 C	6.4	2.6149	5.1267
三色强度的比值 $C_c : C_m : C_y$	1	0.41	0.80

表 9-2 中青、品红、黄三基色的色彩强度可以依墨层厚度的不同而变化，但是为求灰平衡，三色强度的比值关系不会改变。只有当三基色的色相改变以后，三个色彩强度的比值才会做相应的变化。

　　图 9-19 至图 9-21 给出青、品红、黄三基色油墨色彩强度 C 与墨层厚度的曲线图。在上述灰平衡中，计算出品红的色彩强度 $C_m=2.6149$，墨层厚度不足 1μm，实际印刷画面多以红色为主，而这样的墨层厚度，不足以与黄墨叠印合成出鲜艳的红色来。因此在印刷过程中，不得不多用一点品红墨，求得颜色鲜艳，牺牲一点灰平衡。

第10章 关于同色异谱

　　光谱与颜色就像"形"与"影"一样，形影不离。同色异谱这一命题表明色与谱二者之间确实存在着微妙的关系。"同色"指两个物体的颜色完全相同；"异谱"则是两个相同颜色的辐亮度光谱结构却不同。大自然树木叶子的绿色是树叶分子结构里叶绿素反射光谱显示的颜色。当摄像机把它拍成片显示在电视机荧光屏上时，如果颜色一点不失真，看上去与自然界树叶的颜色完全一样，这就是同色。但是电视上的绿色是由荧光屏上红、绿、蓝三基色加和产生的，这里三基色的光谱结构与树叶中叶绿素分子的光谱结构肯定不同，也就是说这二者是同色却是异谱。同样，一朵鲜红的牡丹花，把它拍照复制成印刷品，也完全可以做到同色。但是印刷品上的红色是由三基色油墨中品红墨与黄墨叠印后产生的，由这两种油墨叠印后的光谱结构与牡丹花红色素的光谱结构也肯定不同，虽然是同色，却是异谱。类似这样的例子还可以举出很多。总之，同色异谱现象在彩色印刷复制技术中，是一个十分普遍的现象。

　　有意思的是，人的视觉能敏锐地分辨颜色的异同，却不能分辨光谱的异同。为什么？这就需要进一步分析色与谱二者的关系。也正是因为如此，才使得颜色科学工作者对"谱"与"色"进行深入研究。

人们在社会生活、生产实践中，凡是与颜色有关，如彩色电视、彩色照片、印染花色、彩色印刷、油漆、涂料等，往往要求复现某个确定的颜色。人们只需做到是同色，不必刻意追求同谱。道理在于人的视觉只认识由光谱整合的结果，不能分辨光谱本身的频谱结构。要说明这个问题，有必要拿人的听觉功能与视觉功能作对比。

声波是机械波，人的听觉能对声波进行分析处理；光是电磁波，人的视觉能对电磁波进行处理。据史料记载，早在十九世纪中期三原色假说奠基人之一赫尔姆霍茨，以生物物理、生理的方法对人的听觉与视觉进行过深入研究。人的听觉能分辨的声波频率一般在20Hz到20000Hz。频率超过20000Hz是超声频，低于20Hz是超低频。在人耳可接收的音频范围内，500Hz到2000Hz称中音，低于500Hz称低音，高于2000Hz称高音。声波的频率有高、中、低之分，人们称为音调。声波振幅强，表明机械振动的能量大，听到的声音也大；声波振幅弱，听到的声音就弱，声音的强弱称音量。音乐之所以悦耳，是因为其频率有一定规律，特别是有丰富的谐频，这叫音色。男人、女人、老人、儿童由于年龄、性别及生理上的区别，所以他（她）们发出的声音具有不同的音频特点。听者在音调、音量、音色方面即能把它分辨出来。可以肯定的是，一个确定的声音必然有一个确定的声谱；反之，一个确定的声谱也必然对应一个确定的声音。可见在听觉方面人们并不在意同声异谱问题。

人的视觉能接收电磁波的频率范围是384MMHz到768MMHz，仅仅在一个很窄的倍频区段。电磁波是矢量波。光线进入眼睛，不同频率的振幅在同一时刻定格在复频谱不同相位上，原来的相矢量变成色矢量。作为神经信号的矢量特点，必然要自发地进行整合平衡，这一点与听觉神经处理信号的方式是相反的。人感知的是全频域色矢量平衡整合的结果，看见了颜色的亮度、色相与饱和度，视觉不会感知光的频率的分布。

从以上分析可以看出，人的听觉功能与视觉功能确实存在着巨大的差别。听觉是"分频"，视觉是"积频"。这种功能上的差别是人类在亿万年进化过程中为了生存，在变异与遗传过程中不断选择逐渐形成的结果。在功能上看似相反，在结果上却又惊人相似。听觉能鉴别音量、音调与音色；视觉能鉴别亮度、色相与饱和度。音量大小与亮度高低都与波动的能量相关，而音调高低与色相高低都与主频率高低相关，音色的丰度与颜色饱和度都与成分相关。处理方法虽然不同，结果却有异曲同工之妙。真是敬佩我们人类的祖先不愧为灵长类高等智能动物之首。

解释同色异谱的奥秘就在于复频谱里的色矢量。我们把可见光从 384MMHz 到 768MMHz 分为四个色区，在每个色区分别取 40 ~ 50 个色矢量样值，将四个色区的色矢量分别投影到复频谱 X、Y 坐标轴上，一一加和再取平均值，最后产生出 X_+、X_-、Y_+、Y_- 四个分色矢量。在某一个频率上色矢量数值的变化大小并不重要，重要的是在每一个坐标轴上所有色矢量加和的结果。如果在某个频率上的色矢量的值变小了，而在相邻另外一个频率上色矢量值变大了，只要在这个坐标轴上所有色矢量加和总值不变，对最终的结果就不会产生影响。一个具体的颜色其特征数值如色相、亮度与饱和度是由全频域所有色矢量加和的最终结果决定的。人的视觉感知的是视神经系统对色矢量信号处理的结果。人的视觉既不会感知某一个频率处的色矢量信号，也不会感知这个信号处理的过程。由此可以说，两个颜色它们复频谱结构虽然不同，只要它们全频域色矢量整合的结果 X_+、X_-、Y_+、Y_- 四个分色矢量相同，它们的颜色特征数值色相、亮度、饱和度也必然相同，它们就是同色异谱。理论上同一个颜色可以有无限多个异谱，可见同色异谱现象是普遍存在的。

人们在生产、生活及社会实践中，有时需要复现某一特定的颜色，可是由于原材料、生产工艺、环境条件等的变化或限制，完全做到复现色与目标色"同色"是很困难的，只能要求接近。这就提出一个评价同色异谱颜色宽容量的问题，即复现色与目标色存在多大的色差是可以接受的，人们如何来判断这个色差。在 CIE1976 Luv 与 1976 Lab 两个均匀色度系统里都有色差 ΔE_{uv} 及 ΔE_{ab} 的评价方法。复频谱色度系统本身就是均匀色度系统，可以直接应用它的颜色特征数值色相 H、

亮度 L 及饱和度 S，这三个具体数值给出色差 $\triangle E$。考虑到人的视觉对上述三种特性感受的敏感程度的不同，因而对总色差的影响力也是不同，故设定不同的系数。若两个颜色做同色异谱比较，其色差为：

$$\triangle E=\sqrt{a\triangle H^2+b\triangle L^2+c\triangle S^2} \qquad (10\text{-}1)$$

式中　　a——色相宽容量权重系数；

　　　　b——亮度宽容量权重系数；

　　　　c——饱和度宽容量权重系数。

至于色差宽容量设多大为宜，a、b、c 三个权重系数如何设定，这有待于通过大量实践的检验才可以确定。

第11章 关于光源显色性的评价

　　物体必须在光照下才能显示颜色，有光才有色。同一个物体在不同光源照射下，可能显示不同的颜色，表明光源发射的光谱对被照物体的颜色有着决定性的作用。千百年来，人类已经适应并习惯了太阳光照下的颜色，可是随着社会的进步、科学技术的发展，各种人造的电光源被广泛应用。我们知道，不同的光源发射的光谱功率结构各有不同，因而它显示的颜色也不同。有的荧光灯显蓝色，有的显白色，钨丝灯偏黄。因此，通过光源的光照对颜色进行检测与评价，首先必须对光源的显色性能进行评价[13]。对此 CIE 在 1974 年正式推荐光源显色性指数评价方法。本文用复频谱矢端函数曲线给出一个新的光源显色性评价方法。

　　物体在光照下之所以显示颜色，从内因来说是因为不同的物体对于光线有它独特的选择性吸收的能力，这个能力仅仅由物体本身分子结构决定，与物理状态有关，与光源无关。从外因来说，一个物体在不同性质光源下有可能显示不同的颜色。说明不同性质的光源，有不同的显色性能，而决定光源显色性能的则是光源相对光谱功率在频域分布的结构。反映在复频谱上就是复频谱矢端函数曲线的形态：由色矢量决定的矢端函数曲线的起伏性、陡升性及光源的色温，三者共同决定了光源的显色性能。

第一节　矢端函数曲线的起伏

经验告诉我们，热辐射光源，如太阳光、白炽灯等它们复频谱的矢端函数曲线虽有起伏，但比较平缓。而某些荧光灯及高压放电灯，它们的矢端函数曲线在个别频率处有明显的线状光谱，矢端函数曲线在该频率处会有急剧陡升，失去连续性，因而显色性也差。光源在复频谱上任意一个相位处的相对能量或相对功率的开方，即该相位处的色矢量。

理想的等能光源在全频域的相对功率没有任何变化，其矢端函数曲线是一个以矢径 r_0 为半径的圆周曲线，全频域色矢量之和等于零，显白色。实际上各种光源的矢端函数曲线在不同程度上都有起伏。矢端函数曲线起伏变化的状态表征光源的能量在频域上分布不均匀的状况，下面举例说明。

甲光源与另一个等能光源两个矢端函数曲线包围的面积相等，即 $A=A_0$，示意图如图 11-1 所示。

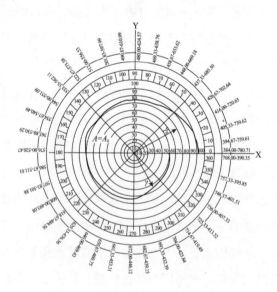

图 11-1　甲光源与另一个等能光源两个矢端函数曲线（r 与 r_0）示意图

有甲光源，它的矢径为 r，矢端函数曲线包围面积为 A，假设另有一个理想的等能光源，矢径为 r_0，其矢端函数曲线包围的面积为 A_0，与甲光源矢端函数曲

线包围的面积 A 相等，即 $A = A_0 = \pi r_0^2$，将两个光源的矢端函数曲线描绘在同一个复频谱色度图上，如图 11-1 所示，就会发现两个光源矢端函数曲线上矢径有三种不同状况：$r < r_0$、$r = r_0$ 与 $r > r_0$。在这里，以等能光源矢径 r_0 为基准，判断甲光源矢端函数曲线起伏变化的状态。

我们知道，矢端函数曲线包围的面积 A 与它的颜色特征数值中亮度 L 的关系是 $L = A / \pi$，现在：$A = A_0 = \pi r_0^2$，同时，$A = \pi L = \pi r_0^2$，则有：$r_0 = \sqrt{L}$。

考虑到复频谱全频域 360° 矢端函数曲线起伏变化较大，我们把全频域分成四个色区：红色区域 R（0°～90°）、绿色区域 G(90°～180°)、青色区域 C(180°～270°) 与蓝色区域 B(270°～360°)。

在一个色区里找出一个最高矢径 r' 与一个最低矢径 r''，取二者之差 $r' - r'' = \Delta r$，与等能矢径 r_0 之比 $\Delta r / r_0$，以 Q 作为评价该色区矢端函数曲线起伏变化的依据，即 $Q = 100(1 - \Delta r / r_0)$，很明显，$\Delta r / r_0$ 值越小，表示矢端函数曲线起伏变化越小。当 $\Delta r = 0$，矢端函数曲线是一个等能圆，没有起伏，这时 $Q = 100$。四个色区分别计算如下：

$$Q_r = 100(1 - \Delta r_r / r_0) \tag{11-1}$$

$$Q_g = 100(1 - \Delta r_g / r_0) \tag{11-2}$$

$$Q_c = 100(1 - \Delta r_c / r_0) \tag{11-3}$$

$$Q_b = 100(1 - \Delta r_b / r_0) \tag{11-4}$$

实际上四个色区相对能量的分布对全频域显色性的贡献是不一样的。红、绿色区贡献较大，青区次之，蓝区较小。据此可以给四个色区的 Q 值以不同的权重系数，$K_r = 0.3$，$K_g = 0.3$，$K_c = 0.25$，$K_b = 0.15$。全频域光源矢端函数曲线起伏变化总评价值为：

$$Q=K_rQ_r+K_gQ_g+K_cQ_c+K_bQ_b \qquad (11\text{-}5)$$

Q 值在 0 到 100 之间，100 最好，0 最差。

第二节　矢端函数曲线的陡升

理想的光源它的矢端函数曲线应该是平滑的，没有明显的起伏变化，更没有曲线陡升。然而实际上许多光源的矢端函数曲线，在某些频率处出现陡升的谱线，称矢端函数曲线陡升。直观地看，矢端函数曲线的陡升，不仅影响了全频域亮度变化的均匀性，还影响了复频谱上色矢量的平衡，进而影响光源的显色性。

针对矢端函数曲线陡升对光源显色性的影响，到目前还没有看到一个简便、有效、量化的评价方法。本文对矢端函数曲线起伏变化已经提出了一个显色性评价方法，针对矢端函数曲线陡升对显色性如何评价，方法就简单了。下面就介绍矢端函数曲线陡升显色性评价的量化方法。

以符号 D 表征矢端函数曲线陡升的显色指数。如果矢端函数曲线仅有起伏变化，没有陡升线段，那么它的陡升显色指数最高值 $D=100$，如果有 1 根陡升线，显色指数降低 20，$D=80$，有 2 根陡升线，降低 40，$D=60$，依次类推。如果有 3 根以上的陡升线，显色性就很差了。

第三节　光源的色温

所谓色温，是指一个理想的"黑体"，对它加热，颜色随温度升高而渐变，1000K 时显红色，3000K 时显黄色，6000K 时显白色，9000K 时显蓝色。这种温度与颜色的对应关系即为色温。日光是人类颜色视觉最适应的热辐射光源。日光的色温大约在 6500K。除了日光以外，白炽灯光也属于热辐射光源，它的色温比日光要低，一般在 2900K 上下。虽然色温偏低，与傍晚时天空色温接近，也能适应。

光源色温的变化对显色性的影响，由于人的视觉具有自适应能力，适应了日光色温的变化，所以相比矢端函数曲线的起伏性及陡升性对它的影响力要弱一些。不过，光源的色温毕竟与光源本身的色相有关。同一个物体，在不同色温光源下测出的色度还是有区别的。

CIE 推荐标准照明体 D 作为测色用模拟标准光源，其中以 D_{65} 和 D_{55} 为最常用光源。D_{55} 光源色温为 5503K，D_{65} 光源色温为 6504K。所以就以 D 光源的色温作为评价光源色温的变化对显色性影响的一个因素。不妨就以 D_{65} 和 D_{55} 这两个光源的色温为基点，在这个色温范围内为最好。设光源色温显色指数符号为 ε，最好显色指数 $\varepsilon=100$。若光源的色温高于 6504K，每高 100K 降低显色指数 1 个分值。例如，一个光源它的色温为 7500K，则它的显色指数要降低 10 个分值，$\varepsilon=90$。若光源的色温低于 5503K，每低 100K，它的显色指数要降低 1 个分值。例如，白炽灯色温为 2800K，它的显色指数要降低 27 个分值，$\varepsilon=73$。

第四节　光源综合显色指数

至此，影响光源显色性三个主要因素都有了量化评价的方法。矢端函数曲线起伏量化评价指数 Q 最高值 100；陡升性量化评价指数 D 最高值也为 100；色温影响力评价指数 ε 最高也为 100。不过以上三个评价因素，其中每一个因素对综合显色性的影响力是不同的。从长期经验及大量实践中考虑，以矢端函数曲线起伏性对综合显色性的影响居首，陡升性次之，色温影响力最弱。出于方便、整体考虑，给它们三个显色指数分别设定不同的权重系数，假设矢端函数曲线起伏性权重系数设 0.5，陡升性权重系数设 0.35，色温影响力权重系数设 0.15，设综合显色指数符号为 R，并且 R 的最高值为 100，那么

$$R=0.5Q+0.35D+0.15\varepsilon \qquad (11-6)$$

光源辐射的功率习惯上按波长分布称光源功率分布。由于波长与频率有一一

对应的关系，也可以把光谱的功率在频域里分布，复频谱就是这样。不过人们关心的大多并不是功率绝对值的大小，而是功率相对量变化的状况。为了方便，可用设定值表征功率的相对分布。只不过复频谱分光光度计接收的是光源的相对功率，记录的则是相对功率的开方，色矢量的矢端函数曲线。复频谱矢端函数曲线的起伏性及陡升性都可以从复频谱色度图在红、绿、青、蓝四个色区分布的状态看出端倪。矢端函数曲线起伏变化的大小，有无陡升线，有多少根，一看便知。从四个色区中红区与蓝区矢端函数曲线包围面积大小之比及光源颜色特征数值中色相也可以判断光源色温的高低。红色区面积偏大，蓝色区面积偏小，则色温偏低。光源的用途不同，对它的综合显色指数的高低要求也不同，对于测色用光源，它的综合显色指数应该在 90 以上。

　　对于上述评价方法，期望读者通过实验进行验证，使之进一步完善。

第12章 光源复频谱色矢量的白平衡

无论是光源辐射光，还是物体反射光，映射在复频谱上产生的色矢量，若处于基本平衡状态条件下，则显白色，称白平衡。彩色电视、相机等所有用红、绿、蓝三基色的电子图像显示装置，都有一个重要的指标，即白平衡。如果不使用色矢量进行平衡计算，人们则只能用实验调试的方法追求白平衡。

从复频谱矢端函数曲线上分别计算出 X_+、X_-、Y_+、Y_- 四个分矢量，当这四个分矢量之和等于零时，就达到了白平衡的理想状态。在复频谱颜色特征数值中，有饱和度 S，它表征的是以色彩强度 C 所代表的色彩在总量中的百分比含量，如公式（5-11）所示。白平衡的评价与此相反，其意义是被平衡的色矢量所代表的白色在色彩总量中的百分比含量即为白度，用 W 表示：$W=1-S$。目前，颜色测量中所使用的光源大部分为 D_{65} 光源和 A 光源，下面将以上述光源为例，应用已知的其光谱相对功率分布值，在复频谱蓝、青、绿、红这四个色区内，各取一定数量的色矢量均值，通过计算白平衡来评价它的白度。

第一节 D_{65} 光源复频谱色矢量的白平衡

所谓光源白平衡，即全频域色矢量之和等于零，它的颜色特征数值中色彩强度 $C=0$，饱和度 $S=0$，此时其白度 $W=100\%$。下面通过计算 D_{65} 光源的饱和度来评价它的白度。D_{65} 光源分别在蓝色、青色、绿色、红色区域的白平衡数据如表 12-1 至表 12-4 所示。

表 12-1 D_{65} 光源在蓝色区域（270°～360°）白平衡数据表

波长 / nm	相对功率 $S(\lambda)$	频率 ν / MMHz	相位	矢径 $r=\sqrt{S(\lambda)}$	Y 轴投影 $r \cdot \sin\theta$	X 轴投影 $r \cdot \cos\theta$
391	57.4590	766.7315	358.8107°	7.5802	−0.1573	7.5785
392	60.2700	764.7755	356.9770°	7.7634	−0.4094	7.7526
393	63.0800	762.8295	355.1527°	7.9423	−0.6711	7.9139
394	65.8910	760.8934	353.3376°	8.1173	−0.9418	8.0625
395	68.7015	758.9671	351.5316°	8.2886	−1.2206	8.1983
396	71.5120	757.0505	349.7348°	8.4565	−1.5070	8.3211
397	74.3229	755.1436	347.9471°	8.6211	−1.8002	8.4310
398	77.1340	753.2462	346.1683°	8.7826	−2.0997	8.5279
399	79.9442	751.3584	344.3985°	8.9412	−2.4047	8.6117
400	82.7550	749.4800	342.6375°	9.0970	−2.7146	8.6825
401	83.6280	747.6110	340.8853°	9.1448	−2.9946	8.6406
402	84.5010	745.7512	339.1418°	9.1924	−3.2730	8.5900
403	85.3742	743.9007	337.4069°	9.2398	−3.5498	8.5307
404	86.2470	742.0594	335.6807°	9.2869	−3.8246	8.4628
405	87.1204	740.2272	333.9630°	9.3338	−4.0971	8.3865
406	87.9940	738.4039	332.2537°	9.3805	−4.3672	8.3019
407	88.8667	736.5897	330.5528°	9.4269	−4.6345	8.2090

续表

波长 / nm	相对功率 $S(\lambda)$	频率 ν / MMHz	相位	矢径 $r=\sqrt{S(\lambda)}$	Y 轴投影 $r \cdot \sin \theta$	X 轴投影 $r \cdot \cos \theta$
408	89.7400	734.7843	328.8603°	9.4731	−4.8988	8.1081
409	90.6129	732.9878	327.1760°	9.5191	−5.1599	7.9993
410	91.4860	731.2000	325.5000°	9.5648	−5.4176	7.8826
411	91.6806	729.4209	323.8321°	9.5750	−5.6507	7.7298
412	91.8750	727.6505	322.1723°	9.5851	−5.8785	7.5709
413	92.0697	725.8886	320.5206°	9.5953	−6.1007	7.4062
414	92.2640	724.1353	318.8768°	9.6054	−6.3173	7.2357
416	92.6540	720.6538	315.6130°	9.6257	−6.7332	6.8788
418	93.0430	717.2057	312.3804°	9.6459	−7.1253	6.5018
420	93.4320	713.7905	309.1786°	9.6660	−7.4929	6.1064
422	92.0820	710.4076	306.0071°	9.5959	−7.7626	5.6413
424	90.7320	707.0566	302.8656°	9.5253	−8.0008	5.1691
426	89.3820	703.7371	299.7535°	9.4542	−8.2078	4.6918
428	88.0320	700.4486	296.6706°	9.3825	−8.3843	4.2114
430	86.6820	697.1907	293.6163°	9.3103	−8.5306	3.7298
432	90.3190	693.9630	290.5903°	9.5036	−8.8965	3.3423
434	93.9550	690.7650	287.5922°	9.6930	−9.2397	2.9296
436	97.5920	687.5963	284.6216°	9.8789	−9.5589	2.4938
438	101.2280	684.4566	281.6781°	10.0612	−9.8529	2.0365
440	104.8650	681.3455	278.7614°	10.2404	−10.1209	1.5598
442	107.2930	678.2624	275.8710°	10.3582	−10.3039	1.0595
444	109.7220	675.2072	273.0068°	10.4748	−10.4604	0.5494
446	112.1510	672.1794	270.1682°	10.5901	−10.5901	0.0311

小结：蓝区共 40 项 Y_b=−220.861，均值 y_b=−5.52153；X_b=252.034，均值

x_b=6.30085。

表 12-2 D$_{65}$光源在青色区域（180°～270°）白平衡数据表

波长 / nm	相对功率 $S(\lambda)$	频率 ν / MMHz	相位	矢径 $r=\sqrt{S(\lambda)}$	Y 轴投影 $r\cdot\sin\theta$	X 轴投影 $r\cdot\cos\theta$
447	113.365	670.676	268.758°	10.647	−10.6445	−0.2308
448	114.579	669.179	267.355°	10.704	−10.6928	−0.4940
449	115.793	667.688	265.958°	10.761	−10.7339	−0.7585
450	117.008	666.204	264.567°	10.817	−10.7684	−1.0242
451	117.088	664.727	263.182°	10.821	−10.7442	−1.2846
452	117.169	663.257	261.803°	10.824	−10.7134	−1.5433
454	117.329	660.335	259.064°	10.832	−10.6353	−2.0550
456	117.490	657.439	256.349°	10.839	−10.5328	−2.5582
458	117.651	654.568	253.657°	10.847	−10.4087	−3.0521
460	117.812	651.722	250.989°	10.854	−10.2621	−3.5357
462	117.222	648.900	248.344°	10.827	−10.0627	−3.9955
464	116.632	646.103	245.722°	10.800	−9.8445	−4.4404
466	116.041	643.330	243.122°	10.772	−9.6085	−4.8700
468	115.451	640.581	240.545°	10.745	−9.3559	−5.2837
470	114.861	637.855	237.989°	10.717	−9.0874	−5.6810
472	115.073	635.153	235.456°	10.727	−8.8357	−6.0826
474	115.286	632.473	232.943°	10.737	−8.5686	−6.4703
476	115.498	629.815	230.452°	10.747	−8.2869	−6.8429
478	115.710	627.180	227.981°	10.757	−7.9915	−7.2004
480	115.923	624.567	225.531°	10.767	−7.6835	−7.5425
482	114.500	621.975	223.102°	10.700	−7.3113	−7.8125
484	113.078	619.405	220.692°	10.634	−6.9332	−8.0628

续表

波长 / nm	相对功率 $S(\lambda)$	频率 ν / MMHz	相位	矢径 $r=\sqrt{S(\lambda)}$	Y 轴投影 $r\cdot\sin\theta$	X 轴投影 $r\cdot\cos\theta$
486	111.656	616.856	218.302°	10.567	-6.5494	-8.2925
488	110.233	614.328	215.932°	10.499	-6.1612	-8.5013
490	108.811	611.820	213.582°	10.431	-5.7698	-8.6900
492	108.919	609.333	211.250°	10.436	-5.4139	-8.9219
494	109.028	606.866	208.937°	10.442	-5.0522	-9.1380
496	109.137	604.419	206.643°	10.447	-4.6847	-9.3376
498	109.246	601.992	204.367°	10.452	-4.3124	-9.5210
500	109.354	599.584	202.110°	10.457	-3.9360	-9.6880
502	109.044	597.195	199.871°	10.442	-3.5493	-9.8203
504	108.733	594.825	197.649°	10.428	-3.1616	-9.9372
506	108.423	592.474	195.445°	10.413	-2.7730	-10.0366
508	108.112	590.142	193.258°	10.398	-2.3845	-10.1206
510	107.802	587.827	191.088°	10.383	-1.9968	-10.1890
512	107.199	585.531	188.936°	10.354	-1.6082	-10.2280
514	106.597	583.253	186.800°	10.325	-1.2224	-10.2520
516	105.995	580.992	184.680°	10.295	-0.8400	-10.2611
518	105.392	578.749	182.577°	10.266	-0.4616	-10.2557
520	104.790	576.523	180.490°	10.237	-0.0876	-10.2363

小结：青区共 40 项 $Y_c=-269.6146$，均值 $y_c=-6.74037$；$X_c=-264.037$，均值 $x_c=-6.6009$。

表 12-3　D_{65} 光源在绿色区域（90°～180°）白平衡数据表

波长 / nm	相对功率 $S(\lambda)$	频率 ν / MMHz	相位	矢径 $r=\sqrt{S(\lambda)}$	Y 轴投影 $r\cdot\sin\theta$	X 轴投影 $r\cdot\cos\theta$
522	105.370	574.314	178.420°	10.265	0.2831	-10.2611

续表

波长 / nm	相对功率 $S(\lambda)$	频率 ν / MMHz	相位	矢径 $r=\sqrt{S(\lambda)}$	Y 轴投影 $r\cdot\sin\theta$	X 轴投影 $r\cdot\cos\theta$
524	105.95	572.122	176.365°	10.293	0.6527	−10.2723
526	106.53	569.947	174.325°	10.321	1.0206	−10.2704
528	107.11	567.788	172.301°	10.349	1.3865	−10.2557
530	107.689	565.645	170.292°	10.377	1.7498	−10.2284
532	107.033	563.519	168.299°	10.346	2.0982	−10.1310
534	106.376	561.408	166.320°	10.314	2.4392	−10.0213
536	105.719	559.313	164.356°	10.282	2.7726	−9.9011
538	105.062	557.234	162.407°	10.250	3.0981	−9.7706
540	104.405	555.170	160.472°	10.218	3.4155	−9.6301
542	104.334	553.122	158.552°	10.214	3.7348	−9.5067
544	104.262	551.088	156.645°	10.211	4.0478	−9.3743
546	104.19	549.070	154.753°	10.207	4.3535	−9.2320
548	104.118	547.066	152.874°	10.204	4.6524	−9.0815
550	104.046	545.076	151.009°	10.200	4.9438	−8.9219
552	103.237	543.101	149.158°	10.161	5.2093	−8.7241
554	102.428	541.141	147.319°	10.121	5.4649	−8.5187
556	101.618	539.194	145.495°	10.081	5.7107	−8.3075
558	100.809	537.262	143.683°	10.040	5.9462	−8.0900
560	100	535.343	141.884°	10.000	6.1726	−7.8676
562	99.267	533.438	140.098°	9.963	6.3912	−7.6432
564	98.534	531.546	138.324°	9.926	6.6002	−7.4143
566	97.801	529.668	136.564°	9.889	6.7995	−7.1811
568	97.067	527.803	134.815°	9.852	6.9890	−6.9441
570	96.334	525.951	133.079°	9.815	7.1690	−6.7037

续表

波长 / nm	相对功率 $S(\lambda)$	频率 ν / MMHz	相位	矢径 $r=\sqrt{S(\lambda)}$	Y 轴投影 $r \cdot \sin\theta$	X 轴投影 $r \cdot \cos\theta$
572	96.225	524.112	131.355°	9.809	7.3633	−6.4813
574	96.116	522.286	129.643°	9.804	7.5493	−6.2549
576	96.007	520.472	127.943°	9.798	7.7272	−6.0247
578	95.897	518.671	126.254°	9.793	7.8968	−5.7911
580	95.788	516.883	124.578°	9.787	8.0583	−5.5544
582	94.368	515.107	122.912°	9.714	8.1552	−5.2783
584	92.947	513.342	121.259°	9.641	8.2414	−5.0027
586	91.527	511.590	119.616°	9.567	8.3171	−4.7279
588	90.106	509.850	117.985°	9.492	8.3825	−4.4542
590	88.686	508.122	116.364°	9.417	8.4378	−4.1820
592	88.95	506.405	114.755°	9.431	8.5646	−3.9493
594	89.214	504.700	113.157°	9.445	8.6843	−3.7143
596	89.478	503.007	111.569°	9.459	8.7969	−3.4774
598	89.742	501.324	109.992°	9.473	8.9024	−3.2387
600	90.006	499.653	108.425°	9.487	9.0008	−2.9985
602	89.925	497.993	106.869°	9.483	9.0748	−2.7517
604	89.843	496.344	105.323°	9.479	9.1416	−2.5048
606	89.762	494.706	103.787°	9.474	9.2013	−2.2579
608	89.681	493.079	102.262°	9.470	9.2540	−2.0112
610	89.599	491.462	100.746°	9.466	9.2997	−1.7649
612	89.219	489.856	99.240°	9.446	9.3230	−1.5167
614	88.839	488.261	97.744°	9.425	9.3395	−1.2701
616	88.459	486.675	96.258°	9.405	9.3492	−1.0252
620	87.699	483.535	93.315°	9.365	9.3491	−0.5414

续表

波长/ nm	相对功率 $S(\lambda)$	频率 ν/ MMHz	相位	矢径 $r=\sqrt{S(\lambda)}$	Y 轴投影 $r\cdot\sin\theta$	X 轴投影 $r\cdot\cos\theta$
624	85.935	480.436	90.409°	9.270	9.2699	-0.0661

小结：绿区共 50 项 Y_g=319.781，均值 y_g=6.3956；X_g=-311.14，均值 x_g=-6.2228。

表 12-4　D_{65} 光源在红色区域（0°～90°）白平衡数据表

波长/ nm	相对功率 $S(\lambda)$	频率 ν/ MMHz	相位	矢径 $r=\sqrt{S(\lambda)}$	Y 轴投影 $r\cdot\sin\theta$	X 轴投影 $r\cdot\cos\theta$
626	85.053	478.901	88.970°	9.222	9.2209	0.1658
628	84.171	477.376	87.540°	9.174	9.1660	0.3938
630	83.289	475.860	86.119°	9.126	9.1054	0.6177
634	83.453	472.858	83.304°	9.135	9.0730	1.0651
638	83.617	469.893	80.525°	9.144	9.0195	1.5053
642	82.965	466.966	77.780°	9.109	8.9021	1.9279
646	81.496	464.074	75.070°	9.028	8.7227	2.3259
650	80.027	461.218	72.392°	8.946	8.5267	2.7061
654	80.102	458.398	69.748°	8.950	8.3967	3.0981
658	80.177	455.611	67.135°	8.954	8.2506	3.4792
662	80.627	452.858	64.554°	8.979	8.1082	3.8580
666	81.453	450.138	62.005°	9.025	7.9691	4.2364
670	82.278	447.451	59.485°	9.071	7.8144	4.6058
674	80.68	444.795	56.996°	8.982	7.5327	4.8926
678	79.083	442.171	54.535°	8.893	7.2430	5.1596
682	76.572	439.578	52.104°	8.751	6.9053	5.3748
686	73.147	437.015	49.701°	8.553	6.5229	5.5316
690	69.721	434.481	47.326°	8.350	6.1390	5.6598

续表

波长 / nm	相对功率 $S(\lambda)$	频率 ν / MMHz	相位	矢径 $r=\sqrt{S(\lambda)}$	Y 轴投影 $r \cdot \sin\theta$	X 轴投影 $r \cdot \cos\theta$
694	70.476	431.977	44.978°	8.395	5.9339	5.9384
698	71.232	429.501	42.658°	8.440	5.7190	6.2068
702	72.157	427.054	40.363°	8.495	5.5013	6.4724
706	73.253	424.635	38.095°	8.559	5.2805	6.7357
710	74.349	422.242	35.852°	8.623	5.0502	6.9889
714	69.251	419.877	33.634°	8.322	4.6093	6.9286
718	64.153	417.538	31.442°	8.010	4.1780	6.8335
722	63.26	415.224	29.273°	7.954	3.8891	6.9379
726	66.573	412.937	27.128°	8.159	3.7205	7.2616
730	69.886	410.674	25.007°	8.360	3.5339	7.5761
734	71.966	408.436	22.909°	8.483	3.3022	7.8142
738	74.047	406.222	20.833°	8.605	3.0604	8.0424
742	72.788	404.032	18.780°	8.532	2.7467	8.0774
746	68.19	401.866	16.749°	8.258	2.3798	7.9074
750	63.593	399.723	14.740°	7.975	2.0290	7.7121
754	56.773	397.602	12.752°	7.535	1.6632	7.3489
758	49.853	395.504	10.785°	7.061	1.3212	6.9359
762	50.496	393.428	8.839°	7.106	1.0919	7.0217
766	58.651	391.373	6.913°	7.658	0.9217	7.6027
770	66.805	389.340	5.006°	8.173	0.7133	8.1422
774	65.436	387.328	3.120°	8.089	0.4403	8.0773
778	64.067	385.337	1.253°	8.004	0.1751	8.0023
780	63.383	384.349	0.327°	7.961	0.0454	7.9612

小结：红区共 41 项 Y_r=213.932，均值 y_r=5.21786；X_r=225.3446，均值

x_r=5.49621。

将上述四个颜色区域白平衡数据小结的内容（色矢量整合数值）统计做表，如表 12-5 所示。

表 12-5 D$_{65}$ 光源复频谱四个色区色矢量整合值

色区	波长域 / nm	频率域 / MMHz	相域	取值数	Y 轴 加和值	Y 轴 均值	X 轴 加和值	X 轴 均值
红区	626 ~ 780	384 ~ 479	0° ~ 90°	41	213.932	5.21786	225.345	5.49621
绿区	522 ~ 624	480 ~ 574	90° ~ 180°	50	319.781	6.3956	−311.14	−6.2228
青区	447 ~ 520	577 ~ 671	180° ~ 270°	40	−269.615	−6.74037	−264.037	−6.6009
蓝区	391 ~ 446	672 ~ 767	270° ~ 360°	40	−220.861	−5.52153	252.034	6.30085

利用表 12-5 的数值，将四个色区的色矢量加和以后取平均，即为复频谱 X、Y 坐标轴上四个分色矢量，它们的数值如下：

$$X_+ = 5.49621 + 6.30085 = 11.79706 \qquad (12\text{-}1)$$

$$X_- = -6.2228 - 6.6009 = -12.8237 \qquad (12\text{-}2)$$

$$Y_+ = 5.21786 + 6.3956 = 11.6135 \qquad (12\text{-}3)$$

$$Y_- = -6.74037 - 5.52153 = -12.2619 \qquad (12\text{-}4)$$

在这四个分色矢量数值的基础上，进一步计算 D$_{65}$ 光源的颜色特征数值：色彩强度 C、色相 H、饱和度 S，计算如下：

$$X \text{ 轴平衡后的色矢量} X_c = X_+ + X_- = 11.79706 - 12.8237 = -1.02664 \qquad (12\text{-}5)$$

$$Y \text{ 轴平衡后的色矢量} Y_c = Y_+ + Y_- = 11.6135 - 12.2619 = -0.6484 \qquad (12\text{-}6)$$

$$X \text{ 轴平衡色矢量} \qquad X_{ba} = 11.7971 \qquad (12\text{-}7)$$

Y 轴平衡色矢量 $\qquad Y_{ba}=11.6135 \qquad$ （12-8）

色彩强度 $\qquad C=\sqrt{X_c^2+Y_c^2}=1.2142 \qquad$ （12-9）

色相 $\qquad H=\arcsin\dfrac{Y_c}{C}=-32.28°=212.28°$，在青区 （12-10）

饱和度 $\qquad S=\dfrac{C^2}{X_+^2+X_-^2+Y_+^2+Y_-^2}\times100\%=0.25\%$ （12-11）

设定光源的亮度为100%，则白度

$$W=1-S=99.75\% \qquad（12-12）$$

从计算结果可以看出，D$_{65}$ 光源的饱和度值很低，白度值非常高。

理想的白光全频域复频谱色矢量之和等于零，没有一点儿彩色，其饱和度也应该为零。可是计算结果显示 D$_{65}$ 光源的饱和度并不等于零，而是等于 0.25%。人类的颜色视觉对于饱和度的敏锐度是比较低的。它的色相为 212.21°，在青区，几乎是晴朗天空的天蓝色，而白度值为 99.75%，可以认为 D$_{65}$ 光源是比较接近天空日光白平衡的光色，D$_{65}$ 光源的矢端函数曲线如图 12-1 所示。

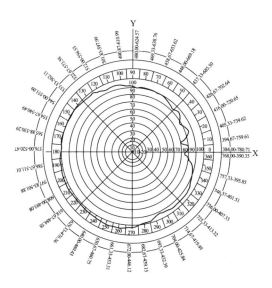

图 12-1　D$_{65}$ 光源的矢端函数曲线

全频域色矢量平衡的基本条件是色矢量在全频域的均匀分布，因此应该在频域内均匀取值，如果在波长域内均匀取值，色矢量肯定是不平衡的。由于已知光源的光谱相对功率是在波长域上均匀分布的，所以作者在波长域上采取从蓝到红逐渐扩大取样间隔的方式，从蓝区间隔 1nm，逐渐扩大到红区间隔 4nm，尽可能做到在频域间隔 2MMHz 左右，即使这样，均匀性仍显不足。好在通过在每个色区取色矢量的平均值，这样就可以将不均匀性的影响降低到可以忽略不计的程度。

此时，D_{65} 光源四个分色矢量如图 12-2 所示，其数值分别为：

X_+=11.79706，X_-=-12.8237，Y_+=11.6135，Y_-=-12.2619。

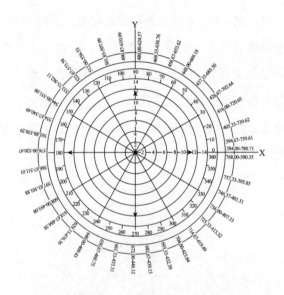

图 12-2　D_{65} 光源四个分色矢量

第二节　A 光源复频谱色矢量的白平衡

下面通过计算 A 光源白平衡的饱和度来评价它的白度。A 光源分别在蓝色、青色、绿色、红色区域有关白度数据如表 12-6 至表 12-9 所示。

表 12-6　A 光源在蓝色区域（270°～360°）白平衡数据表

波长 / nm	相对功率 $S(\lambda)$	频率 ν / MMHz	相位	矢径 $r=\sqrt{S(\lambda)}$	Y 轴投影 $r \cdot \sin \theta$	X 轴投影 $r \cdot \cos \theta$
391	12.3324	766.7315	358.8107°	3.5118	-0.0729	3.5110
392	12.5828	764.7755	356.9770°	3.5472	-0.1871	3.5423
394	13.0938	760.8934	353.3376°	3.6185	-0.4198	3.5941
396	13.6182	757.0505	349.7348°	3.6903	-0.6576	3.6312
397	13.8855	755.1436	347.9471°	3.7263	-0.7781	3.6442
399	14.4304	751.3584	344.3985°	3.7987	-1.0217	3.6588
401	14.9891	747.6110	340.8853°	3.8716	-1.2678	3.6581
403	15.5616	743.9007	337.4069°	3.9448	-1.5155	3.6421
405	16.1480	740.2272	333.9630°	4.0185	-1.7639	3.6106
406	16.4464	738.4039	332.2537°	4.0554	-1.8880	3.5891
408	17.0538	734.7843	328.8603°	4.1296	-2.1355	3.5346
410	17.6753	731.2000	325.5000°	4.2042	-2.3813	3.4648
411	17.9913	729.4209	323.8321°	4.2416	-2.5032	3.4242
413	18.6339	725.8886	320.5206°	4.3167	-2.7446	3.3319
415	19.2907	722.3904	317.2410°	4.3921	-2.9819	3.2248
416	19.6244	720.6538	315.6130°	4.4299	-3.0988	3.1658
418	20.3026	717.2057	312.3804°	4.5058	-3.3284	3.0372
420	20.9950	713.7905	309.1786°	4.5820	-3.5519	2.8946
422	21.7016	710.4076	306.0071°	4.6585	-3.7685	2.7387
423	22.0603	708.7281	304.4326°	4.6968	-3.8739	2.6558
425	22.7883	705.3929	301.3059°	4.7737	-4.0787	2.4805
427	23.5307	702.0890	298.2084°	4.8508	-4.2747	2.2929
429	24.2873	698.8159	295.1399°	4.9282	-4.4614	2.0936
431	25.0581	695.5731	292.0998°	5.0058	-4.6380	1.8833

续表

波长 / nm	相对功率 $S(\lambda)$	频率 ν / MMHz	相位	矢径 $r=\sqrt{S(\lambda)}$	Y 轴投影 $r\cdot\sin\theta$	X 轴投影 $r\cdot\cos\theta$
433	25.8432	692.3603	289.0878°	5.0836	−4.8041	1.6624
434	26.2411	690.7650	287.5922°	5.1226	−4.8830	1.5483
436	27.0475	687.5963	284.6216°	5.2007	−5.0323	1.3128
438	27.8681	684.4566	281.6781°	5.2790	−5.1698	1.0685
440	28.7027	681.3455	278.7614°	5.3575	−5.2950	0.8160
442	29.5515	678.2624	275.8710°	5.4361	−5.4076	0.5561
444	30.4142	675.2072	273.0068°	5.5149	−5.5073	0.2893
445	30.8508	673.6899	271.5843°	5.5543	−5.5522	0.1536

小结：蓝区共 32 项 Y_b=-99.0450，均值 y_b=-3.09520；X_b=83.711，均值 x_b=2.6160。

表 12-7　A 光源在青色区域（180°～270°）白平衡数据表

波长 / nm	相对功率 $S(\lambda)$	频率 ν / MMHz	相位	矢径 $r=\sqrt{S(\lambda)}$	Y 轴投影 $r\cdot\sin\theta$	X 轴投影 $r\cdot\cos\theta$
447	31.7345	670.6756	268.7584°	5.6333	−5.6320	−0.1221
449	32.6320	667.6882	265.9577°	5.7124	−5.6982	−0.4027
451	33.5432	664.7273	263.1818°	5.7916	−5.7507	−0.6876
453	34.4682	661.7925	260.4305°	5.8710	−5.7893	−0.9760
455	35.4068	658.8835	257.7033°	5.9504	−5.8138	−1.2673
457	36.3588	656.0000	255.0000°	6.0298	−5.8244	−1.5606
459	37.3243	653.1416	252.3203°	6.1094	−5.8208	−1.8554
461	38.3031	650.3080	249.6638°	6.1889	−5.8032	−2.1508
463	39.2951	647.4989	247.0302°	6.2686	−5.7716	−2.4463
466	40.8076	643.3305	243.1223°	6.3881	−5.6980	−2.8880
468	41.8320	640.5812	240.5449°	6.4678	−5.6317	−3.1805

续表

波长 / nm	相对功率 $S(\lambda)$	频率 v / MMHz	相位	矢径 $r=\sqrt{S(\lambda)}$	Y 轴投影 $r \cdot \sin \theta$	X 轴投影 $r \cdot \cos \theta$
470	42.8693	637.8553	237.9894°	6.5475	−5.5519	−3.4707
472	43.9192	635.1525	235.4555°	6.6272	−5.4587	−3.7579
474	44.9816	632.4726	232.9430°	6.7068	−5.3523	−4.0416
477	46.5983	628.4948	229.2138°	6.8263	−5.1685	−4.4592
480	48.2423	624.5667	225.5313°	6.9457	−4.9567	−4.8656
481	48.7963	623.2682	224.3139°	6.9854	−4.8799	−4.9982
483	49.9132	620.6874	221.8944°	7.0649	−4.7177	−5.2590
486	51.6104	616.8560	218.3025°	7.1840	−4.4528	−5.6377
488	52.7561	614.3279	215.9324°	7.2633	−4.2623	−5.8812
491	54.4958	610.5743	212.4134°	7.3821	−3.9570	−6.2320
493	55.6694	608.0974	210.0913°	7.4612	−3.7409	−6.4556
496	57.4501	604.4194	206.6431°	7.5796	−3.3989	−6.7748
498	58.6504	601.9920	204.3675°	7.6584	−3.1597	−6.9761
500	59.8611	599.5840	202.1100°	7.7370	−2.9121	−7.1680
503	61.6962	596.0080	198.7575°	7.8547	−2.5258	−7.4375
506	63.5535	592.4743	195.4447°	7.9720	−2.1230	−7.6842
508	64.8038	590.1417	193.2579°	8.0501	−1.8462	−7.8355
511	66.6968	586.6771	190.0098°	8.1668	−1.4195	−8.0425
513	67.9702	584.3899	187.8655°	8.2444	−1.1282	−8.1668
516	69.8969	580.9922	184.6802°	8.3604	−0.6822	−8.3326
520	72.4959	576.5231	180.4904°	8.5145	−0.0729	−8.5141

小结：青区共 32 项 Y_c=−135.0006，均值 y_c=−4.21877；X_c=−149.5305，均值 x_c=4.67283。

表 12-8　A 光源在绿色区域（90°～180°）白平衡数据表

波长 / nm	相对功率 $S(\lambda)$	频率 ν / MMHz	相位	矢径 $r=\sqrt{S(\lambda)}$	Y 轴投影 $r\cdot\sin\theta$	X 轴投影 $r\cdot\cos\theta$
521	73.151	575.417	179.453°	8.553	0.0817	-8.5524
524	75.1275	572.122	176.365°	8.668	0.5496	-8.6502
527	77.1217	568.865	173.311°	8.782	1.0229	-8.7221
530	79.1326	565.645	170.292°	8.896	1.5000	-8.7683
532	80.4821	563.519	168.299°	8.971	1.8194	-8.7847
535	82.5193	560.359	165.336°	9.084	2.2996	-8.7881
538	84.5712	557.234	162.407°	9.196	2.7796	-8.7661
541	86.6372	554.144	159.510°	9.308	3.2582	-8.7190
544	88.7165	551.088	156.645°	9.419	3.7339	-8.6472
547	90.8083	548.066	153.812°	9.529	4.2055	-8.5511
550	92.912	545.076	151.009°	9.639	4.6718	-8.4313
553	95.0267	542.119	148.237°	9.748	5.1272	-8.2813
556	97.1518	539.194	145.495°	9.857	5.5836	-8.1225
559	99.2864	536.301	142.782°	9.964	6.0269	-7.9349
562	101.43	533.438	140.098°	10.071	6.4605	-7.7261
566	104.301	529.668	136.564°	10.213	7.0218	-7.4159
569	106.462	526.875	133.946°	10.318	7.4290	-7.1605
572	108.63	524.112	131.355°	10.423	7.8235	-6.8864
575	110.803	521.377	128.791°	10.526	8.2045	-6.5946
579	113.709	517.775	125.415°	10.663	8.6905	-6.1793
582	115.893	515.107	122.912°	10.765	9.0375	-5.8494
586	118.81	511.590	119.616°	10.900	9.4760	-5.3866
589	121.001	508.985	117.173°	11.000	9.7860	-5.0235
592	123.193	506.405	114.755°	11.099	10.0793	-4.6477

波长 / nm	相对功率 $S(\lambda)$	频率 ν / MMHz	相位	矢径 $r=\sqrt{S(\lambda)}$	Y 轴投影 $r\cdot\sin\theta$	X 轴投影 $r\cdot\cos\theta$
596	126.118	503.007	111.569°	11.230	10.4439	-4.1284
600	129.043	499.653	108.425°	11.360	10.7774	-3.5904
603	131.236	497.167	106.095°	11.456	11.0068	-3.1758
607	134.157	493.891	103.023°	11.583	11.2847	-2.6101
611	137.075	490.658	99.992°	11.708	11.5303	-2.0314
614	139.26	488.261	97.744°	11.801	11.6932	-1.5902
618	142.167	485.100	94.782°	11.923	11.8819	-0.9939
623	145.79	481.207	91.132°	12.074	12.0720	-0.2385

小结：绿区共 32 项 Y_g=217.497，均值 y_g=6.79678；X_g=-200.948，均值 x_g=-6.27962。

表 12-9 A 光源在红色区域（0°~ 90°）白平衡数据表

波长 / nm	相对功率 $S(\lambda)$	频率 ν / MMHz	相位	矢径 $r=\sqrt{S(\lambda)}$	Y 轴投影 $r\cdot\sin\theta$	X 轴投影 $r\cdot\cos\theta$
625	147.235	479.667	89.688°	12.134	12.1339	0.0661
628	149.398	477.376	87.540°	12.223	12.2116	0.5247
632	152.271	474.354	84.707°	12.340	12.2872	1.1383
637	155.845	470.631	81.217°	12.484	12.3374	1.9063
641	158.689	467.694	78.463°	12.597	12.3427	2.5194
645	161.516	464.794	75.744°	12.709	12.3175	3.1296
650	165.028	461.218	72.392°	12.846	12.2445	3.8860
653	167.121	459.100	70.406°	12.928	12.1789	4.3353
657	169.895	456.304	67.785°	13.034	12.0669	4.9280
662	173.335	452.858	64.554°	13.166	11.8885	5.6567
666	176.063	450.138	62.005°	13.269	11.7162	6.2284

续表

波长 / nm	相对功率 $S(\lambda)$	频率 ν / MMHz	相位	矢径 $r=\sqrt{S(\lambda)}$	Y 轴投影 $r \cdot \sin \theta$	X 轴投影 $r \cdot \cos \theta$
671	179.441	446.784	58.860°	13.396	11.4653	6.9273
675	182.118	444.136	56.378°	13.495	11.2375	7.4724
680	185.429	440.871	53.316°	13.617	10.9203	8.1349
684	188.05	438.292	50.899°	13.713	10.6419	8.6487
689	191.288	435.112	47.917°	13.831	10.2648	9.2694
692	193.211	433.225	46.149°	13.900	10.0239	9.6298
697	196.381	430.118	43.235°	14.014	9.5993	10.2096
702	199.506	427.054	40.363°	14.125	9.1476	10.7623
707	202.584	424.034	37.532°	14.233	8.6709	11.2871
712	205.616	421.056	34.740°	14.339	8.1713	11.7833
717	208.599	418.120	31.987°	14.443	7.6509	12.2500
722	211.532	415.224	29.273°	14.544	7.1116	12.6869
728	214.985	411.802	26.065°	14.662	6.4424	13.1712
733	217.806	408.993	23.431°	14.758	5.8686	13.5413
738	220.574	406.222	20.833°	14.852	5.2820	13.8807
744	223.826	402.946	17.762°	14.961	4.5640	14.2477
749	226.477	400.256	15.240°	15.049	3.9559	14.5199
755	229.585	397.075	12.258°	15.152	3.2171	14.8066
761	232.615	393.945	9.323°	15.252	2.4708	15.0502
771	237.485	388.835	4.533°	15.411	1.2180	15.3623
779	241.219	384.842	0.789°	15.531	0.2140	15.5298

小结：红区共 32 项 $Y_r=281.859$，均值 $y_r=8.80809$；$X_r=283.354$，均值 $x_r=8.85481$。

将上述四个色区白平衡数据小结的内容（色矢量整合数值）统计做表，如表

12-10 所示。

表 12-10　A 光源复频谱四个色区色矢量整合值

色区	波长域 / nm	频率域 / MMHz	相域	取值数	Y 轴 加和值	Y 轴 均值	X 轴 加和值	X 轴 均值
红区	628 ～ 780	384 ～ 478	0° ～ 90°	32	281.859	8.80809	283.354	8.85481
绿区	522 ～ 624	480 ～ 574	90° ～ 180°	32	217.502	6.79678	-200.885	-6.27962
青区	447 ～ 520	576 ～ 617	180° ～ 270°	32	-133.001	-4.21877	-149.531	-4.67283
蓝区	391 ～ 445	674 ～ 767	270° ～ 360°	32	-99.0450	-3.09520	83.711	2.6160

利用表 12-10 的数值将四个色区的色矢量加和成复频谱 X、Y 坐标轴上四个分色矢量，它们的数值如下：

$$X_+=8.85481+2.6157=11.4705 \tag{12-13}$$

$$X_-=-6.27962-4.67283=-10.95243 \tag{12-14}$$

$$Y_+=8.80809+6.79678=15.6049 \tag{12-15}$$

$$Y_-=-4.21877-3.09520=-7.31397 \tag{12-16}$$

在这四个分色矢量基础上，进一步计算 A 光源的颜色特征数值：

X 轴平衡后的色矢量　　　$X_c= X_+ + X_- =0.51807$ 　　　　(12-17)

Y 轴平衡后的色矢量　　　$Y_c= Y_+ + Y_- =8.29093$ 　　　　(12-18)

色彩强度　　　　　　　　$C = \sqrt{X_c^2+Y_c^2} = 8.3071$ 　　　　(12-19)

色相　　　　　　　　　　$H = \arcsin Y_c / C = 86.42°$ 　　　　(12-20)

饱和度 $$S = \frac{C^2}{X_+^2 + X_-^2 + Y_+^2 + Y_-^2} = 12.58\%$$ （12-21）

设定光源的亮度为 100%，则白度

$$W = 1 - S = 87.42\%$$ （12-22）

A 光源的矢端函数曲线如图 12-3 所示。

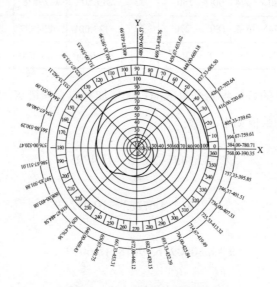

图 12-3　A 光源的矢端函数曲线

本计算有关 A 光源相对功率分布数值从红区到蓝区逐渐下降，使得 A 光源只有 80% 多的色矢量达到白平衡，剩余的色矢量显示一定色彩强度，色相为 86.42°，在红色区，其饱和度为 12.58%，白度为 87.42%，视觉是在白光中略带一点淡橙色。

A 光源的四个分色矢量如图 12-4 所示。

A 光源的四个分色矢量分别为：

X_+ =11.4705，X_- =-10.9524，Y_+ =15.6049，Y_- =-7.31397。

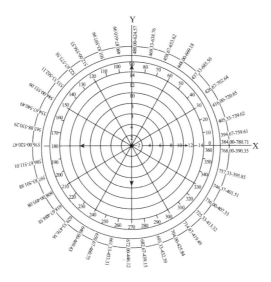

图 12-4　A 光源的四个分色矢量

第三节　D_{65} 光源及 A 光源取值方法的异同

　　复频谱颜色计量时，大量色矢量平衡的必要条件是，这些色矢量的分布在频域里的间隔应该是均匀的。可是这两个光源相对功率分布是在整数波长域里面每隔 1nm 均匀分布的。在波长域分布均匀了，在频域里的分布就不均匀了。为了满足色矢量平衡的必要条件，我们采取了两种不同的取值方法：D_{65} 光源采用自蓝区到红区逐渐加大波长间隔的方法，但结果是四个色区取值项数不一定相同。A 光源采用既能取得整数波长相对功率的数值，又使其频率间隔维持在 3MMHz 左右，可以保证在每个色区取得 32 个项数。总的来看，即使 D_{65} 光源四个色区取值项数不同，或者 A 光源四个色区取值的频率间隔有微量差别，由于色度计算采用的是在一个色区里取色矢量的平均值，因而这些不足对四个色区色矢量的均值不会产生明显的影响，当然更不会对最终色矢量平衡的结果产生影响，因而计算结果是可信的。

　　本计算 D_{65} 及 A 光源相对光谱功率在波长域上分布的数据取自《色度学》1979 年版第 343 页"附录 II CIE 标准照明体 D_{65} 及 A 光源相对光谱功率分布"。

后记

　　1978 年，我被调到了中国印刷科学技术研究所，这是一个可以坐下来做学问的地方。印刷是干什么的，可以有不同的定义，简言之，印刷就是在承印物上有选择的颜色信息的传递。颜色这个东西，可以说人人都熟悉，人人又不熟悉。说熟悉，红花绿叶，蓝天黄土，人人都看得见；说不熟悉，颜色与光是什么关系，恐怕不是人人都能说清楚。印刷职业的特点，个人兴趣的驱使，使我走上了探索颜色奥秘之路。牛顿把颜色依红、橙、黄、绿、青、蓝、紫的顺序，把它排成一个圆环，称牛顿颜色环。今天我们认识到这个颜色环色相变化的顺序恰恰与可见光频率的顺序是完全一致的。如果能够找到频率也能在一个圆周内均匀地分布，这不就找到了牛顿颜色环光色映射的科学解释了吗。终于在一本《信号与系统》书中找到了在 Z 变换的复平面上，在一个倍频范围内频率与相位的映射关系。兴奋之下，在笔记本上写道"找到了！83 年 3 月 31 日晚 9 时 5 分"（见下图）。1994 年 1 月 31 日，我持自行编写的论文《颜色矢量的积分变换》，到王大珩院士家中，希望得到他的指教。王老师热情、亲切地对我说："颜色科学是物理光学与生物物理、心理交叉的边缘学科，它还很年轻。把颜色看作矢量是对的，不过一个新的理论提出需要经过大量科学实验验证才行。"今天本书得以出版，是与尊敬的王老师的鼓励分不开的。

　　这条探索之路整整走了近三十年，中间虽有几次暂停，但从未放弃。2006年春手边有三张印刷油墨分光光度计的光谱曲线图，按照复频谱色度的计算方法，用计算器手按计算，一个光谱曲线上的数据，变换成色矢量并积分相加，要反复计算上千次，需要五天时间才能完成。复频谱色度图绘出来了，看到了结果，我高兴极了，更加坚定了方向和信心。2007 年 1 月，购买了一台能够满足光谱测量范围 390 ～ 780nm 的分光光度计，与本书另一作者庞也驰一起用油墨色样做起了复频谱颜色测试实验，经过大量计算和验证，成功研究出了复频谱色度图、复频谱色度坐标和复频谱颜色特征数值的设计和计算方法。同年 4 月在国家版权局注册《复频谱色度测量软件》获著作权。第一篇文章《光色变换复频谱物理色解析》于 2007 年 8 月发表在北京印刷学院学报上。

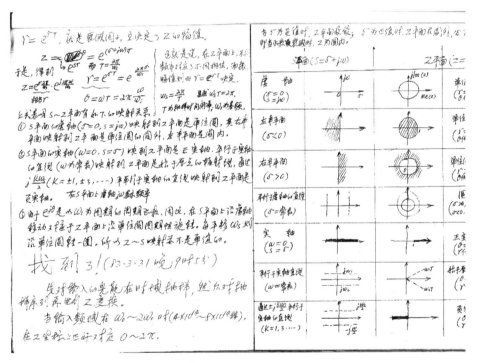

2007 年 11 月，中国印刷科学技术研究所成立印刷油墨配色系统课题组，聘请本书另一个作者庞也驰为课题组负责人，我为技术顾问，从事复频谱专色油墨配色课题研究。此后应用复频谱色度理论的测色技术，获得了多项科研成果及国家发明专利，发表专业论文近 20 篇。该课题成果"复频谱印刷油墨配色系统"于 2010 年 12 月 22 日通过了省部级鉴定，结论为"国内领先"，于 2013 年获得北京市科学技术进步三等奖。在这里感谢中国印刷科学技术研究所提供了一个科学的实验平台，感谢褚庭亮所长给予的极大关注与支持，同时还要感谢上海出版

印刷高等专科学校黄祖兴教授和北京印刷学院刘浩学教授、西安理工大学徐锦林教授以及武汉大学万晓霞教授给予的支持和帮助。

　　30多年来，在国家图书馆借阅图书1000多册，读书笔记30多本，笔记大约200万字。宋朝大文学家苏轼说"博观而约取，厚积而薄发"。本书虽然只有十多万字，但是它是从上述1000多册图书中约取营养，从30多本读书笔记中汲取精华而得。上述众多图书与作者，虽不能在"参考文献"中一一署名，请原谅，在此我还是要向他们深表谢意。颜色科学是一门新兴学科，涉及方方面面，本书作者学识有限，书中难免挂一漏万，不足及错误之处还望读者不吝指正。

庞多益

附表 可见光频率、波长、相位对应表

频率 /MMHz	波长 /nm	相位
384	780.7	0.0000°
385	778.7	0.9375°
386	776.7	1.8750°
387	774.7	2.8125°
388	772.7	3.7500°
389	770.7	4.6875°
390	768.7	5.6250°
391	766.7	6.5625°
392	764.8	7.5000°
393	762.8	8.4375°
394	760.9	9.3750°
395	759.0	10.3125°
396	757.1	11.2500°

续表

频率 /MMHz	波长 /nm	相位
397	755.1	12.1875°
398	753.2	13.1250°
399	751.4	14.0625°
400	749.5	15.0000°
401	747.6	15.9375°
402	745.8	16.8750°
403	743.9	17.8125°
404	742.1	18.7500°
405	740.2	19.6875°
406	738.4	20.6250°
407	736.6	21.5625°
408	734.8	22.5000°
409	733.0	23.4375°
410	731.2	24.3750°
411	729.4	25.3125°
412	727.7	26.2500°
413	725.9	27.1875°
414	724.1	28.1250°
415	722.4	29.0625°
416	720.7	30.0000°
417	718.9	30.9375°
418	717.2	31.8750°
419	715.5	32.8125°
420	713.8	33.7500°

续表

频率 /MMHz	波长 /nm	相位
421	712.1	34.6875°
422	710.4	35.6250°
423	708.7	36.5625°
424	707.1	37.5000°
425	705.4	38.4375°
426	703.7	39.3750°
427	702.1	40.3125°
428	700.4	41.2500°
429	698.8	42.1875°
430	697.2	43.1250°
431	695.6	44.0625°
432	694.0	45.0000°
433	692.4	45.9375°
434	690.8	46.8750°
435	689.2	47.8125°
436	687.6	48.7500°
437	686.0	49.6875°
438	684.5	50.6250°
439	682.9	51.5625°
440	681.3	52.5000°
441	679.8	53.4375°
442	678.3	54.3750°
443	676.7	55.3125°
444	675.2	56.2500°

续表

频率 /MMHz	波长 /nm	相位
445	673.7	57.1875°
446	672.2	58.1250°
447	670.7	59.0625°
448	669.2	60.0000°
449	667.7	60.9375°
450	666.2	61.8750°
451	664.7	62.8125°
452	663.3	63.7500°
453	661.8	64.6875°
454	660.3	65.6250°
455	658.9	66.5625°
456	657.4	67.5000°
457	656.0	68.4375°
458	654.6	69.3750°
459	653.1	70.3125°
460	651.7	71.2500°
461	650.3	72.1875°
462	648.9	73.1250°
463	647.5	74.0625°
464	646.1	75.0000°
465	644.7	75.9375°
466	643.3	76.8750°
467	642.0	77.8125°
468	640.6	78.7500°

频率 /MMHz	波长 /nm	相位
469	639.2	79.6875°
470	637.9	80.6250°
471	636.5	81.5625°
472	635.2	82.5000°
473	633.8	83.4375°
474	632.5	84.3750°
475	631.1	85.3125°
476	629.8	86.2500°
477	628.5	87.1875°
478	627.2	88.1250°
479	625.9	89.0625°
480	624.6	90.0000°
481	623.3	90.9375°
482	622.0	91.8750°
483	620.7	92.8125°
484	619.4	93.7500°
485	618.1	94.6875°
486	616.9	95.6250°
487	615.6	96.5625°
488	614.3	97.5000°
489	613.1	98.4375°
490	611.8	99.3750°
491	610.6	100.3125°
492	609.3	101.2500°

续表

频率 /MMHz	波长 /nm	相位
493	608.1	102.1875°
494	606.9	103.1250°
495	605.6	104.0625°
496	604.4	105.0000°
497	603.2	105.9375°
498	602.0	106.8750°
499	600.8	107.8125°
500	599.6	108.7500°
501	598.4	109.6875°
502	597.2	110.6250°
503	596.0	111.5625°
504	594.8	112.5000°
505	593.6	113.4375°
506	592.5	114.3750°
507	591.3	115.3125°
508	590.1	116.2500°
509	589.0	117.1875°
510	587.8	118.1250°
511	586.7	119.0625°
512	585.5	120.0000°
513	584.4	120.9375°
514	583.3	121.8750°
515	582.1	122.8125°
516	581.0	123.7500°

频率 /MMHz	波长 /nm	相位
517	579.9	124.6875°
518	578.7	125.6250°
519	577.6	126.5625°
520	576.5	127.5000°
521	575.4	128.4375°
522	574.3	129.3750°
523	573.2	130.3125°
524	572.1	131.2500°
525	571.0	132.1875°
526	569.9	133.1250°
527	568.9	134.0625°
528	567.8	135.0000°
529	566.7	135.9375°
530	565.6	136.8750°
531	564.6	137.8125°
532	563.5	138.7500°
533	562.5	139.6875°
534	561.4	140.6250°
535	560.4	141.5625°
536	559.3	142.5000°
537	558.3	143.4375°
538	557.2	144.3750°
539	556.2	145.3125°
540	555.2	146.2500°

续表

频率 /MMHz	波长 /nm	相位
541	554.1	147.1875°
542	553.1	148.1250°
543	552.1	149.0625°
544	551.1	150.0000°
545	550.1	150.9375°
546	549.1	151.8750°
547	548.1	152.8125°
548	547.1	153.7500°
549	546.1	154.6875°
550	545.1	155.6250°
551	544.1	156.5625°
552	543.1	157.5000°
553	542.1	158.4375°
554	541.1	159.3750°
555	540.2	160.3125°
556	539.2	161.2500°
557	538.2	162.1875°
558	537.3	163.1250°
559	536.3	164.0625°
560	535.3	165.0000°
561	534.4	165.9375°
562	533.4	166.8750°
563	532.5	167.8125°
564	531.5	168.7500°

频率 /MMHz	波长 /nm	相位
565	530.6	169.6875°
566	529.7	170.6250°
567	528.7	171.5625°
568	527.8	172.5000°
569	526.9	173.4375°
570	526.0	174.3750°
571	525.0	175.3125°
572	524.1	176.2500°
573	523.2	177.1875°
574	522.3	178.1250°
575	521.4	179.0625°
576	520.5	180.0000°
577	519.6	180.9375°
578	518.7	181.8750°
579	517.8	182.8125°
580	516.9	183.7500°
581	516.0	184.6875°
582	515.1	185.6250°
583	514.2	186.5625°
584	513.3	187.5000°
585	512.5	188.4375°
586	511.6	189.3750°
587	510.7	190.3125°
588	509.9	191.2500°

续表

频率 /MMHz	波长 /nm	相位
589	509.0	192.1875°
590	508.1	193.1250°
591	507.3	194.0625°
592	506.4	195.0000°
593	505.6	195.9375°
594	504.7	196.8750°
595	503.9	197.8125°
596	503.0	198.7500°
597	502.2	199.6875°
598	501.3	200.6250°
599	500.5	201.5625°
600	499.7	202.5000°
601	498.8	203.4375°
602	498.0	204.3750°
603	497.2	205.3125°
604	496.3	206.2500°
605	495.5	207.1875°
606	494.7	208.1250°
607	493.9	209.0625°
608	493.1	210.0000°
609	492.3	210.9375°
610	491.5	211.8750°
611	490.7	212.8125°
612	489.9	213.7500°

续表

频率 /MMHz	波长 /nm	相位
613	489.1	214.6875°
614	488.3	215.6250°
615	487.5	216.5625°
616	486.7	217.5000°
617	485.9	218.4375°
618	485.1	219.3750°
619	484.3	220.3125°
620	483.5	221.2500°
621	482.8	222.1875°
622	482.0	223.1250°
623	481.2	224.0625°
624	480.4	225.0000°
625	479.7	225.9375°
626	478.9	226.8750°
627	478.1	227.8125°
628	477.4	228.7500°
629	476.6	229.6875°
630	475.9	230.6250°
631	475.1	231.5625°
632	474.4	232.5000°
633	473.6	233.4375°
634	472.9	234.3750°
635	472.1	235.3125°
636	471.4	236.2500°

续表

频率 /MMHz	波长 /nm	相位
637	470.6	237.1875°
638	469.9	238.1250°
639	469.2	239.0625°
640	468.4	240.0000°
641	467.7	240.9375°
642	467.0	241.8750°
643	466.2	242.8125°
644	465.5	243.7500°
645	464.8	244.6875°
646	464.1	245.6250°
647	463.4	246.5625°
648	462.6	247.5000°
649	461.9	248.4375°
650	461.2	249.3750°
651	460.5	250.3125°
652	459.8	251.2500°
653	459.1	252.1875°
654	458.4	253.1250°
655	457.7	254.0625°
656	457.0	255.0000°
657	456.3	255.9375°
658	455.6	256.8750°
659	454.9	257.8125°
660	454.2	258.7500°

频率 /MMHz	波长 /nm	相位
661	453.5	259.6875°
662	452.9	260.6250°
663	452.2	261.5625°
664	451.5	262.5000°
665	450.8	263.4375°
666	450.1	264.3750°
667	449.5	265.3125°
668	448.8	266.2500°
669	448.1	267.1875°
670	447.5	268.1250°
671	446.8	269.0625°
672	446.1	270.0000°
673	445.5	270.9375°
674	444.8	271.8750°
675	444.1	272.8125°
676	443.5	273.7500°
677	442.8	274.6875°
678	442.2	275.6250°
679	441.5	276.5625°
680	440.9	277.5000°
681	440.2	278.4375°
682	439.6	279.3750°
683	438.9	280.3125°
684	438.3	281.2500°

续表

频率 /MMHz	波长 /nm	相位
685	437.7	282.1875°
686	437.0	283.1250°
687	436.4	284.0625°
688	435.7	285.0000°
689	435.1	285.9375°
690	434.5	286.8750°
691	433.9	287.8125°
692	433.2	288.7500°
693	432.6	289.6875°
694	432.0	290.6250°
695	431.4	291.5625°
696	430.7	292.5000°
697	430.1	293.4375°
698	429.5	294.3750°
699	428.9	295.3125°
700	428.3	296.2500°
701	427.7	297.1875°
702	427.1	298.1250°
703	426.4	299.0625°
704	425.8	300.0000°
705	425.2	300.9375°
706	424.6	301.8750°
707	424.0	302.8125°
708	423.4	303.7500°

续表

频率 /MMHz	波长 /nm	相位
709	422.8	304.6875°
710	422.2	305.6250°
711	421.6	306.5625°
712	421.1	307.5000°
713	420.5	308.4375°
714	419.9	309.3750°
715	419.3	310.3125°
716	418.7	311.2500°
717	418.1	312.1875°
718	417.5	313.1250°
719	417.0	314.0625°
720	416.4	315.0000°
721	415.8	315.9375°
722	415.2	316.8750°
723	414.7	317.8125°
724	414.1	318.7500°
725	413.5	319.6875°
726	412.9	320.6250°
727	412.4	321.5625°
728	411.8	322.5000°
729	411.2	323.4375°
730	410.7	324.3750°
731	410.1	325.3125°
732	409.6	326.2500°

续表

频率 /MMHz	波长 /nm	相位
733	409.0	327.1875°
734	408.4	328.1250°
735	407.9	329.0625°
736	407.3	330.0000°
737	406.8	330.9375°
738	406.2	331.8750°
739	405.7	332.8125°
740	405.1	333.7500°
741	404.6	334.6875°
742	404.0	335.6250°
743	403.5	336.5625°
744	402.9	337.5000°
745	402.4	338.4375°
746	401.9	339.3750°
747	401.3	340.3125°
748	400.8	341.2500°
749	400.3	342.1875°
750	399.7	343.1250°
751	399.2	344.0625°
752	398.7	345.0000°
753	398.1	345.9375°
754	397.6	346.8750°
755	397.1	347.8125°
756	396.6	348.7500°

续表

频率 /MMHz	波长 /nm	相位
757	396.0	349.6875°
758	395.5	350.6250°
759	395.0	351.5625°
760	394.5	352.5000°
761	393.9	353.4375°
762	393.4	354.3750°
763	392.9	355.3125°
764	392.4	356.2500°
765	391.9	357.1875°
766	391.4	358.1250°
767	390.9	359.0625°
768	390.4	360.0000°

说明：本书是将可见光红端频率设定为 384MMHz，作为基频，相位为 0°；蓝端频率是其 2 倍，为 768MMHz，相位 360°，与 0°重合。其他所有中间频率均匀地分布在 0°～360°相位上。若红端频率设定为其他频率，则所有频率对应的相位应另行计算。

主要参考文献

[1] 荆其诚，焦书兰，纪桂萍. 人类的视觉 [M]. 北京：科学出版社，1987.

[2] 滕秀金，邱迦易，曾晓林. 颜色测量技术 [M]. 北京：中国计量出版社，2008.

[3] Isaac Newton, Opticks [M.]London,UK;Academic Press, 1976.

[4] Paul Dsherman,Color Vision in the Nineteenth Century The Young-Helmholtz-Maxwell Theory, Adam Hilger, Ltd, Bristol,1978.

[5] 滕秀金，邱迦易，曾晓林. 颜色测量技术 [M]. 北京：中国计量出版社，2008.

[6] 麦伟麟，光学传递函数及其数理基础 [M]. 北京：国防工业出版社，1979.

[7] [美] 无线电公司编. 光电学手册 [M]. 史斯，伍琐，译校. 北京：国防工业出版社，1978.

[8] E.赫克特，A.赞斯. 光学 [M].秦克诚，詹达三，林福成，译. 北京：人民教育出版社，1979.

[9] 郑君里，杨为理，应启珩编. 信号与系统 [M]. 北京：人民教育出版社，1980.

[10] 庞多益，庞也驰. 光色变换复频谱物理色解析 [J]. 北京印刷学院学报，2007，8.

[11] 赵凯华，新概念物理光学 [M]. 北京：高等教育出版社，2004.

[12] 陈宜生. 物理学 [M]. 天津：天津大学出版社，2005.

[13] 荆其诚，焦书兰，喻柏林，胡维生 编著. 色度学 [M]. 北京：科学出版社，1979.

图2-1　北京市中山公园五色土

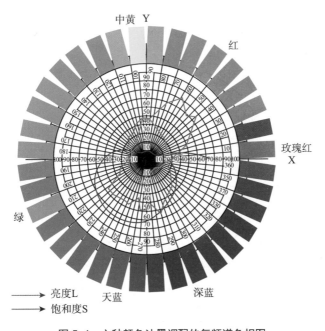

图5-4　六种颜色油墨调配的复频谱色相图

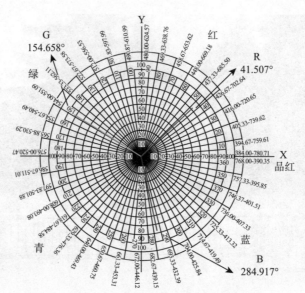

B与R间相差116.59°，R与G间相差113.151°，G与B间相差130.259°

图 6-1　三基色 RGB 复频谱色相图

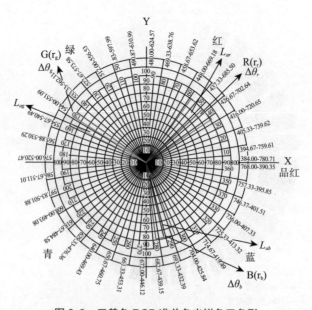

图 6-2　三基色 RGB 准单色光锐角三角形

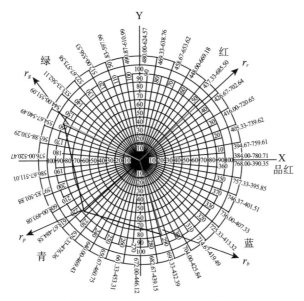

r_g 与 r_p 间夹角为 α，r_p 与 r_b 间夹角为 β，r_g 与 r_b 间夹角为 φ_{gb}

图 6-3　三基色 RGB 色矢量白平衡